KOMETEN UND ASTEROIDEN

Christian Gritzner

Kometen und Asteroiden

Bedrohung aus dem All?

AVIATIC VERLAG

ISBN 3-925505-53-9

1. Auflage
© AVIATIC VERLAG GmbH, Oberhaching 1999
Graphische Gestaltung und Satz:
Michael Bauer, Weißenfeld

Gesamtherstellung:
Grafo, S.A.,Bilbao

Printed in Spain

Inhalt

Künstlerische Darstellung des Einschlags
eines etwa 10 km großen Asteroiden, der
vermutlich zum Aussterben der Dinosaurier
vor 65 Millionen Jahren geführt hat.

Danksagung

Ich danke ganz besonders meiner lieben Frau Roksana, sowie meinen Eltern Franz und Gisela Gritzner, und meinen Brüdern Ralf und Harald, die mich bei der Erstellung dieses Buches unterstützt und mir die Arbeit sehr erleichtert haben.

Herrn Pletschacher und dem Aviatic Verlag (Oberhaching) danke ich sehr herzlich für die Verwirklichung dieses Buches und die gute Zusammenarbeit.

Ich danke auch sehr Herrn Dr. Gerhard Hahn und Herrn René Laufer (DLR - Institut für Weltraumsensorik und Planetenerkundung, Berlin-Adlershof) für die Diskussionen und die Durchsicht des Manuskriptes.

Für die Zurverfügungstellung von Bildmaterial, die Hilfe bei der Suche nach Texten, für Übersetzungsarbeiten, für die Nutzung von Computern und anderen notwendigen Geräten, für Hinweise und Anregungen danke ich:

Herrn Gerhard Rausch und Herrn Karl Breuer (EUROSPACE Technische Entwicklungen GmbH, Flöha und Potsdam), Herrn Prof. Dr. Gerhard Neukum, Frau Susanne Pieth, Herrn Wilfried Tost, Herrn Tilmann Denk, Herrn Dr. Alan Harris und Herrn Dr. Jürgen Oberst (DLR - Institut für Weltraumsensorik und Planetenerkundung, Berlin-Adlershof), Herrn Dieter Heinlein (Augsburg), Herrn Jürgen Rendtel (Marquardt), Herrn David A Hardy (Hall Green Birmingham, Großbritannien), Herrn Samuele Pecorari (Sansepolcro, Italien), Herrn Jochen Rose und Herrn Wolfgang Meyer (Wilhelm-Foerster-Sternwarte, Berlin), Herrn Dr. Klaus Daser (DSS Dornier Satellitensysteme, Friedrichshafen), Herrn Dr. Erik Asphaug (Santa Cruz, USA), Frau Gisela Pösges (Rieskrater Museum, Nördlingen), Herrn Thomas Meier (Berlin), Herrn Thomas Schildge (Rüsselsheim), Herrn Ralf Morawietz (Berlin), Herrn Mirko Böhm (Potsdam), Frau Sauer (Gymnasium Cottbus-Land), Herrn Georg Kiebel (Cottbus), den Mitarbeiterinnen und Mitarbeitern der Bibliothek des Astrophysikalischen Instituts Potsdam (AIP) und der Bibliothek des GeoForschungsZentrums Potsdam (GFZ), meinen Kollegen der Spaceguard Foundation e. V. und Sir Arthur C. Clarke (Colombo, Sri Lanka).

Mein besonderer Dank gilt meinem »Doktorvater« Herrn Prof. Dr. Roger E. Lo und meinem »zweiten Doktorvater« Herrn Prof. emeritus Dr.-Ing. H. H. Koelle (Technische Universität Berlin), denen ich die meisten meiner Raumfahrtkenntnisse verdanke.Danksagung

Feuer vom Himmel...

»Ich saß vor meiner Türe und blickte Richtung Norden, als plötzlich ein riesiger Blitz aufleuchtete. Es entstand eine solch starke Hitze, daß mein Hemd fast versengt wurde. Ich sah eine gewaltige Feuerkugel, welche einen großen Teil des Himmels verdeckte. Dann wurde es dunkel und ich spürte eine Explosion, die mich von meinem Hocker riß – und ich verlor das Bewußtsein...«

Aus dem Augenzeugenbericht des Bauern B. Semenow über das Tunguska-Ereignis in Sibirien vom 30. Juni 1908. Semenow befand sich in Wanawara, etwa 60 Kilometer vom Einschlagspunkt entfernt

Vorwort

Ist die Erkenntnis, daß Asteroiden und Kometen mit der Erde zusammenstoßen können relativ neu - oder ist sie es doch nicht? Zwei Aspekte einer Fragestellung, die in diesem Buch behandelt werden. Den Zusammenhang zwischen alten Mythen und Überlieferungen mit den neuesten Erkenntnissen der Astronomie und Geologie auf dem Gebiet der Impaktforschung herzustellen, ist ein schwieriges und gewagtes Unterfangen. Der Verfasser wagt diesen Versuch, in dem er Arbeiten und Untersuchungen von verschiedenen Forschern vergleicht und mögliche Schlußfolgerungen zieht. Es wird dabei der schmale und oftmals gefährliche Pfad der Spekulation betreten, immer aber mit der klaren Absicht nach eindeutigen und nachprüfbaren Beweisen zu suchen, oder deren Nichtvorhandensein deutlich herauszustellen. Ein äußerst wichtiges Unterfangen in einer Zeit, die schon auf Grund der Jahreszahlen voll ist von Weltuntergangsprophezeihungen und Weissagern.

Aus Sicht der naturwissenschaftlichen Forschung der letzten drei Jahrzehnte ergibt sich ein erst allmählicher und teilweise noch immer nicht ganz vollzogenen Gesinnungswandel bei der Interpretation der Einschlagkrater, etwa auf dem Mond, und deren Bedeutung für die Darstellung der erdgeschichtlichen Entwicklung unseres Planeten. Erst seit den Mondlandungen des Apollo Programmes ist es eindeutig bewiesen, daß die Krater auf dem Mond alle Spuren von Kollisionen mit Asteroiden oder Kometen sind.

Die Erde würde genauso ausschauen wie der Mond, übersät mit Kratern, gäbe es hier nicht Ozeane, Vegetation, Kontinentalverschiebung, und die Einflüsse der Atmosphäre durch Wind und Wetter.

Doch der Schluß von den Mondkratern hin zur Gefährdung der Zivilisation auf der Erde durch zukünftige Einschläge von Asteroiden oder Kometen auf unserem Planeten ist nicht offenkun-

dig. Es brauchte viele Jahre der Forschung auf dem Gebiet der Astronomie und Himmelsmechanik, der Geologie und Gesteinsanalyse, aber vor allem Einsicht und Überzeugung alte, gewohnte Denkweisen verlassen zu müssen, um neue, oft kontroversere Modelle und Vorstellungen zu entwickeln, und diese dann durch Meßdaten und Beobachtungen zu untermauern. Die Theorie, daß die verschiedenen erdgeschichtlichen Abschnitte, wie etwa der Übergang von der Kreidezeit zum Tertiär vor 65 Millionen Jahren, durch die Folgen von verheerenden kosmischen Einschlagskatastrophen ausgelöst worden sind, ist zwar noch immer umstritten, findet aber mehr und mehr Anhänger mit der wachsenden Zahl von Beweisen und Indizien.

Was die Leute aber am meisten interessiert, sind Fragen wie diese: Wie oft kommen solche Ereignisse eigentlich vor? Welche Auswirkungen sind durch Einschläge verschieden großer Körper zu erwarten? Was kann dagegen unternommen werden, sollte man einen Asteroiden oder Kometen auf Kollisionskurs mit der Erde wirklich entdekken? Auf alle diese Fragen werden Sie hier ausführliche und fachlich versierte Antworten finden. Es werden verschiedene Aspekte und Methoden der Ermittlung von Einschlagshäufigkeiten beschrieben und deren Unsicherheiten diskutiert und mit anderen, im allgemeinen Leben vertrauteren Vorkommnissen und Gefahren verglichen. Der sehr schwierigen Aufgabe der vergleichbaren Beschreibung der Impaktgefahr wird viel Aufmerksamkeit geschenkt.

Herr Gritzner ist einer der wenigen Experten auf dem Gebiet der Konzipierung und Entwicklung von möglichen Abwehrmaßnahmen und -methoden. Er beschreibt hier in allgemein verständlicher Form ein breites Spektrum von realistischen und auch futuristischen Techniken, und gibt uns einen Überblick, welche Möglichkeiten zur Verfügung stehen, um eine rechtzeitig erkannte Kollision zu verhindern, oder deren Folgen zu mildern.

Als einer der Mitbegründer der internationalen *Spaceguard Foundation*, und später auch deren deutschen Abteilung *Spaceguard Foundation e.V.*, zu deren Mitglied übrigens auch der Verfasser gehört, möchte ich einen weiteren wichtigen Aspekt der Impaktforschung hervorheben, der auch im vorliegenden Buch breiten Raum findet. Nämlich, daß die Voraussetzung für eine realistische und verläßliche Abschätzung des aktuellen und zukünftigen Einschlagsrisikos eine umfassende und möglichst vollständige Inventarisierung aller Asteroiden und Kometen im erdnahen Weltraum ist. Eines der wichtigsten Ziele der *Spaceguard Foundation* ist es, dieses Forschungsvorhaben zu unterstützen und mitzuhelfen, daß die notwendigen finanziellen und fachlichen Mittel dafür bereitgestellt werden können. Obwohl diese Aufgabenstellung für die Zukunftsicherung der gesamten Menschheit eigentlich ein Musterbeispiel eines Anliegens im allgemeinen Interesse darstellt, gibt es kaum Mittel der öffentlichen Hand. Private Initiativen und Sponsoren sind notwendig um dieses Vorhaben zu verwirklichen. Durch Ihre Unterstützung von *Spaceguard Foundation e.V.* können Sie einen wertvollen Beitrag leisten. Weitere Informationen finden Sie im Anhang dieses Buches.

Priv. Doz. DDr. Gerhard J. Hahn
Vorstandsmitglied von Spaceguard
Foundation e.V.,
Mitglied der Arbeitsgruppe Erdnahe
Objekte (WGNEO)
der Internationalen Astronomischen Union,
Leiter des deutsch-französischen
Asteroiden Such-Programmes (ODAS),
Wissenschaftlicher Mitarbeiter am Institut
für Weltraumsensorik und Planetenerkundung
des DLR in Berlin-Adlershof.

Einleitung

Feuer vom Himmel – das Aussterben der Dinosaurier – die Sintflut… Was verbindet diese Begriffe? Was ist (noch) Spekulation, was ist (schon) wissenschaftlich bewiesen? Wie oft kommen solche kosmischen Katastrophen vor und wie kann sich die Menschheit vor einem kommenden Einschlag schützen? Dieses Buch gibt Antworten auf diese und viele weitere Fragen. Antworten auf Fragen, die uns erst seit wenigen Jahren ernsthaft beschäftigen, weil wir vorher diese Phänomene in ihrer ganzen Tragweite nicht erfassen konnten. Die wachsende wissenschaftliche Erkenntnis ermöglicht es uns, daß wir auch mit Fragestellungen umgehen können, die nicht zu unseren alltäglichen Erfahrungen gehören.

Die weltweit vorhandenen Überlieferungen, Mythen und Beschreibungen großer Katastrophen, wie der Sintflut und auch die apokalyptische Weltuntergangsvision in der Offenbarung des Johannes, erhalten eine ganz neue Bedeutung, wenn man sie aus dem Blickwinkel des heutigen Wissens um Asteroiden- und Kometeneinschläge betrachtet. Sie könnten Berichte und Erinnerungen an Katastrophen sein, die tatsächlich vor langer Zeit stattgefunden haben. Solche damals unerklärlichen Ereignisse wurden meist den Göttern zugeschrieben oder auch in Prophezeiungen kommender Ereignisse übertragen, denn was einmal geschah, kann sich theoretisch wiederholen.

Wenn man die Einschlagswahrscheinlichkeiten kilometergroßer Asteroiden und Kometen betrachtet, kann man den Eindruck haben, diese hunderttausende von Jahren zwischen zwei großen Einschlägen gehen mich nichts an. Das stimmt aber nur mit einer gewissen statistischen Wahrscheinlichkeit, denn diese Angaben sind Mittelwerte - der nächste große Einschlag kann jederzeit stattfinden. Und auch wenn man in Wahrscheinlichkeiten rechnet, ergibt sich eine 1 zu 3000 Chance, daß die Erde in den nächsten 100 Jahren von einem kilometergroßen Objekt getroffen wird. Glücklicherweise hat der Komet Shoemaker-Levy-9 im Sommer 1994 den Planeten Jupiter getroffen und nicht die Erde – es war die größte Explosion, die man bisher im Sonnensystem beobachtet hatte. Und was sind hunderttausend Jahre für die Menschheitsgeschichte? Man nimmt derzeit an, daß es gibt die Menschheit schon seit etwa 2 Millionen Jahren gibt. Daher müßte sie – rein statistisch – schon viele Male von solchen gigantischen Einschlägen überrascht und an den Rand ihrer Existenz gebracht worden sein. Neueste genetische Untersuchungen zeigen, daß sich die Menschen in ihrem Erbmaterial sehr viel mehr ähneln, also weniger vielfältig sind, als die Menschenaffen, mit denen wir verwandt sind. Man schließt daraus, daß die Menschheit schon mehrmals an den Rand ihrer Existenz gebracht wurde. Doch die Ursache kennt man noch nicht. Seuchen, Kriege oder andere Ereignisse kommen in Betracht, aber die Ursache kann auch in den Weiten des Weltraums liegen – der Einschlag eines kilometergroßen Asteroiden oder Kometen hat die Gewalt, das Erdklima so stark zu ändern, daß dies ein Teil der Menschheit nicht überlebt.

Die Suche nach Beweisen gestaltet sich aber als schwierig, da die Überlieferungen oft nur wenige Jahrtausende zurückreichen, zeitlich und räumlich ungenau sind und auch im Laufe der Zeit Veränderungen unterlagen. Wissenschaftliche Beweise sind aber absolut notwendig, um der Wahrheit näher zu kommen, denn Spekulationen allein bringen uns nicht weiter.

Aber die Situation hat sich gewandelt: wir wissen heute, daß es die Gefahr katastrophaler Einschläge gibt und können ihre Bedeutung mit den Mitteln moderner Technologie und Wissenschaft abschätzen. Durch die Raumfahrt haben wir die Möglichkeit, Menschen und Maschinen in den Weltraum zu bringen, die eines Tages den nächsten Einschlag verhindern können - wenn wir unsere Chance erkennen und nutzen. Wir leben in einer Zeit, in der die meisten Menschen so sehr mit sich selbst und ihrem Alltag beschäftigt sind, daß sie die Gefahren nicht beachten, die um sie herum existieren. Einerseits wissen wir, daß es gefährlich ist, in der Nähe eines Vulkans zu leben oder in einem Erdbebengebiet. Doch alle reden sich ein: »mir wir schon nichts passieren!« Und trotzdem sterben abertausende Menschen jährlich durch solche Naturkatastrophen. Andererseits steigt die Erdbevölkerung laufend an, wodurch auch unsichere Gebiete besiedelt werden und immer mehr Opfer zu beklagen sind.

Die Gefahr von Asteroiden- und Kometeneinschlägen wird oft entweder ignoriert oder durch eine nur oberflächliche Betrachtung der Tatsachen verzerrt, obwohl große Einschläge das Potential besitzen, unsere Zivilisation zu zerstören, was kein Erdbeben oder Vulkanausbruch vermag. Manche Leute geben Aussagen von sich, wie: »Asteroideneinschläge kommen nur alle paar hunderttausend Jahre einmal vor, und da ich kaum älter als 100 Jahre werde, trifft mich das nicht.« Richtig wäre es zu sagen, daß die Chance getroffen zu werden klein ist, daß aber dieser Fall jeden Augenblick eintreten kann. Hier ist also das Problem nicht richtig verstanden worden, doch durch solche Aussagen entsteht sogar der Eindruck, die Asteroidenforscher würden maß-

los übertreiben. Zudem gibt es selbsternannte Propheten, die gehäuft zu besonderen Kalenderdaten, wie Jahrhundert- oder Jahrtausendwechseln das Ende der Erde vorhersagen (ohne daß dies bisher jemals eingetroffen ist).

Es ist dringend notwendig, auf die reale Gefahr größerer Asteroiden- und Kometeneinschläge in allgemeinverständlicher Form hinzuweisen, um die nötigen Schritte zur Vermeidung kommender Einschläge vorzubereiten. Daher wurde von namhaften Wissenschaftlern 1996 die internationale Spaceguard Foundation gegründet, um diese Aktivitäten zu koordinieren und durchzuführen. Der bekannte Science Fiction Autor, Raumfahrt-Visionär, Namensgeber und Ehrenmitglied der Spaceguard Foundation Sir Arthur C. Clarke gestattete mir, aus seinem Vorwort des englischen Buches »Rogue Asteroids and Doomsday Comets« von Duncan Steel folgendes zu zitieren: »Für den Fall von Einschlägen auf der Erde, würde schon ein kleiner Alarm ausreichen, um Spaceguard finanziert und auf den Weg zu bekommen, was uns helfen würde zu garantieren, daß die Menschheit nicht nur das Jahr 2001, sondern auch das Jahr 3001 sehen wird.«

Dieses Buch soll dazu beitragen!

Dr.-Ing. Christian Gritzner
Potsdam, im Sommer 1999

Gefahren durch Asteroiden und Kometen

Unser Sonnensystem entstand vor etwa 4,6 Milliarden Jahren aus einer Zusammenballung von Gasen und Staub. Nachdem sich die ursprüngliche Staub- und Gaswolke zu verdichten begann, bildeten sich unzählige kleinste Festkörper, die bis zu einigen Kilometern groß wurden. Viele dieser sogenannten Planetesimale stießen miteinander zusammen, wodurch sich schließlich die Planeten und deren Monde gebildet haben. Doch ein gewisser Anteil dieser Planetenbausteine blieb übrig und umkreist weiterhin die Sonne. Sie sind uns als Asteroiden und Kometen bekannt.

In der ersten Milliarde Jahre gab es sehr viele dieser kleinen Objekte und die Kollisionsrate war enorm hoch. Am Ende dieser Phase in der Entwicklung des Sonnensystems, als sich die Planeten bereits gebildet hatten, gab es noch häufig sehr gewaltige Einschläge (auch Impakte genannt) auf den Planetenoberflächen, deren riesige Krater auf manchen Himmelskörpern noch heute sichtbar sind. Diese Phase wird als »heavy bombardment« bezeichnet. In dieser Zeit entstanden die meisten der großen Krater und bald später die Mare auf dem Mond. Die Mare sind als dunkle Flecken auch von der Erde aus sichtbar und es wurde früher angenommen, daß sie wirkliche Ozeane wären. Man hat aber herausgefunden, daß sie durch sehr große Einschläge entstanden, wobei der Untergrund in so große Tiefen zertrümmert wurde, daß Mondlava durch Ritzen zur Oberfläche drang, dort einen Lavaozean bil-

In der Entstehungsphase der Erde wurde diese laufend von großen und kleinen Objekten getroffen. Mit der Zeit nahm die Zahl der Einschläge stark ab.

Ein Asteroid dieser Größe könnte kurz nach der Entstehung der Erde die Bildung des Mondes verursacht haben. Eine Theorie besagt, daß sich die bei einem solchen Einschlag entstandenen Trümmer zu unserem Mond geformt haben, während ein anderer Teil der Trümmer auf die Erde zurückstürzte.

dete, der langsam erkaltete. Durch die dunkle Lava unterscheiden sich die Mare von der helleren Umgebung. Die Mare weisen auch weniger Krater auf, einfach weil sie später entstanden als die anderen Gebiete des Mondes.

Auf der Erde findet man kaum so alte Krater, weil sich die Erdoberfläche laufend verändert. Kontinentalplatten schieben sich übereinander, wobei die untere Platte durch die große Hitze im Erdinneren aufgeschmolzen wird und alle Einschlagsinformationen verschwinden. Zudem wirken Wind und Wasser, Vulkanismus und die Gebirgsauffaltung wie ein Radiergummi – von den »Fingerabdrücken« der Asteroiden und Kometen bleibt kaum etwas übrig. Dies trifft besonders auf kleine Krater zu, während sich sehr große Einschlagsstrukturen länger halten können.

Die Tatsache, daß Materie in Form von Steinen und Metallstücken vom Himmel fällt wurde wahrscheinlich schon in der Vorzeit beobachtet. Die Einschlagskrater von Morasko bei Posen (Poznań) in Polen entstanden vor etwa 5.000 bis 10.000 Jahren, als diese Gegend bereits von Menschen bewohnt war. Vielleicht hat man damals, nachdem man den Schock dieser gewaltigen Explosion verkraftet hatte, das dort herabgestürzte Eisen dankbar aufgesammelt und zu Werkzeugen verarbeitet oder getauscht. Auch die Eskimos nutzten meteoritisches Eisen zur Herstellung von Messern und Pfeilspitzen.

Eine der frühesten Überlieferungen eines Meteoritenfalls stammt aus Griechenland aus dem Jahre 465 v. Chr., der damals gefundene Meteorit ist aber nicht mehr vorhanden. Das Wissen um vom Himmel fallende Meteorite ging im Mittelalter verloren und wurde von der Wissenschaft lange geleugnet und ignoriert. So gab es, neben zahlreichen Berichten von Meteoritenfällen, in den Jahren 1769 und 1790 gut dokumentierte Meteori-

Panorama-Aufnahme des mit 100 Metern Durchmesser größten der 8 Meteoritenkrater in Morakso bei Posen (Poznań) in Polen.

Der Stein-Meteorit des Meteoritenfalls von 1960 in Gao, Obervolta, Afrika, zeigt die typische dunkle Schmelzkruste an der Oberfläche des Meteoriten, die bei seinem Flug durch die Erdatmosphäre entstanden ist.

Dieser Schnitt durch einen Stein-Eisen-Meteoriten zeigt, wie Gesteinsstücke vom Eisen des Meteoriten umschlossen sind. Dieser Meteoritentyp wurde erstmals von dem Meteoritenforscher Pallas beschrieben und wird darum Pallasit genannt.

tenfälle in Frankreich, die teils von vielen Augenzeugen beschrieben wurden. Doch die französische Akademie der Wissenschaften lehnte es ab anzuerkennen, daß die ihnen vorliegenden Steine vom Himmel gefallen waren. Man tat die Berichte als Massenhysterie ab oder schrieb die Entstehung der Meteoriten anderen Ereignissen, wie Blitzschlag oder Vulkanausbrüchen, zu. Denn da es bekanntermaßen im Himmel nur Gott und die sich nach Gottes Ordnung bewegenden Himmelskörper gibt, und sich in der Luft nur leichte Stoffe aufhalten, sei es unmöglich, daß plötzlich irgendwelche Steine herunterfallen. Feuerkugeln und Kometen wurden als Ausdünstungen der Erde angesehen, die in die Atmosphäre aufgestiegen waren und sich dort entzündet hatten.

Der aus Wittenberg stammende Forscher Ernst Florens Friedrich Chladni (1756-1827) veröffentlichte 1794 sein Buch mit dem Titel »Über den Ursprung der von Pallas gefundenen und anderer ihr ähnlicher Eisenmassen, und über einige damit in Verbindung stehende Naturerscheinungen«. Er beschrieb das von Peter Simon Pallas (1741-1811) untersuchte 16 Zentner schwere Eisenstück, welches 1749 südlich der Stadt Krasnojarsk gefunden wurde, sowie weitere ähnliche Eisenmassen und erkannte deren meteoritischen Ursprung. Chladnis These war einige Zeit lang recht umstritten und ein Forscherkollege meinte, nachdem er Chladnis Buch gelesen hatte, es wäre ihm so gewesen, als wenn ihn ein solcher Stein am Kopf getroffen hätte. Doch schon einige Jahre später stimmte er Chladni zu, dessen Theorie durch weitere beobachtete Meteoritenfälle un-

termauert wurde, denn am 26. April 1803 ging bei dem Dorf L'Aigle in Frankreich (heute Laigle) ein Meteoritenregen von etwa 3.000 Exemplaren nieder, das größte Stück wog 9 kg, die kleinsten wenige Gramm. Dieser Meteoritenfall wurde im Auftrag der Französischen Akademie der Wissenschaften von dem Physiker Jean B. Biot (1774-1862) untersucht. Er befragte auch die Augenzeugen, darunter den Bürgermeister des Ortes, dem zuvor in den Pariser Zeitungen nicht geglaubt wurde. Erst durch Biots offiziellen Bericht wurden Meteoritenfälle als Tatsache anerkannt. Danach erinnerte man sich an frühere Ereignisse, die nun in einem anderen Licht erschienen und man begann Meteorite aus aller Welt zusammen zu tragen und zu sammeln. Die berühmte Meteoritensammlung Chladnis ist heute im Berliner Museum für Naturkunde zu sehen.

Anfang des 20. Jahrhunderts konnte man den 1,2 km großen und 170 m tiefen Meteor Crater (auch Barringer Crater oder Canyon Diabolo Crater genannt) in Arizona, USA, anhand der rundherum gefundenen Meteorienfragmente als Einschlagskrater identifizieren. Der Bergbauingenieur D. M. Barringer erwarb 1903 die Schürfrechte für den Krater und begann durch Bohrungen nach dem vermeintlich intakt unter dem Krater liegenden Eisenmeteoriten zu suchen, dessen Durchmesser man fälschlicherweise mit 150 m 5-fach zu hoch annahm. Ein Abbau erschien lohnenswert, da man die Zusammensetzung der gefundenen Meteoriten kannte und einen Vorrat von Millionen Tonnen Eisen, hunderttausenden

Tonnen Nickel und größere Mengen an Platin und Kobalt vermutete. Allerdings war die Suche erfolglos und wie sich später herausstellte war der Asteroid beim Aufprall explodiert und zu einem großen Teil verdampft oder in kleinste Stükke zerrissen worden. Da Barringer auch nach Abbruch der Suche an der Meteoritentheorie richtigerweise festhielt, wurde der Krater später ihm zu Ehren Barringer-Krater genannt.

Einige weitere Krater konnten in der folgenden Zeit entdeckt werden. Aber erst seit den sechziger Jahren des 20. Jahrhunderts setzte sich immer mehr die Erkenntnis durch, daß die Erde eine Zielscheibe für Asteroiden und Kometen ist. Damals erkannte man, daß das Nördlinger Ries auf der Schwäbischen Alb ein 14,9 Millionen Jahre alter Einschlagskrater von 24 km Durchmesser ist. Davor hielt man die meisten Krater, die man auf der Erde kannte und auf dem Mond erkennen konnte, für Vulkankrater, obwohl man fast nie Vulkangestein in Kraternähe fand. Inzwischen sind auch die physikalischen Vorgänge klar, die zur Bildung von Einschlagskratern führen. Für die Apollo-Mondlandungen, die von 1969 bis 1972 stattfanden, trainierte man die Astronauten auch am Nördlinger Ries, um sie auf die anstehenden Untersuchungen auf dem Mond vorzubereiten. Diese Missionen brachten viele neue Erkenntnisse und durch die gezielt eingesammelten Gesteinsproben konnte die Entstehungszeit der entsprechenden Gebiete im irdischen Labor bestimmt werden. Mit diesen Referenzwerten konnte man eine statistische Auswertung und Altersbestimmung der Mondoberfläche vornehmen. Aus diesen Daten wurden auch die Einschlagshäufigkeiten auf dem Mond bestimmt. Weil der Mond um die Erde kreist und somit den gleichen Abstand zur Sonne hat, kann man diese Ergebnisse mit gewissen Anpassungen auf die Erde übertragen.

Einschlagskrater finden sich auch auf allen anderen Objekten im Sonnensystem die eine feste Oberfläche aufweisen. Die Auswirkungen von Kollisionen der Erde mit extraterrestrischer (außerirdischer) Materie hängen hauptsächlich von folgenden Faktoren ab: Masse, Größe und Geschwindigkeit des NEO (erdnahe Asteroiden und Kometen werden im Englischen NEOs ge-

Aufnahme des Meteor Crater in Arizona, USA, vom Space Shuttle aus.

treffwinkel und vom Einschlagsgebiet auf der Erde (Meer oder Land). Bisher wurden auf der Erde über 150 Einschlagskrater gefunden, die kleinsten einige Meter groß, die größten bis zu 300 Kilometer im Durchmesser.

Einschläge (auch »Impakte« genannt) von Asteroiden und Kometen größer als 1 km im Durchmesser sind seltene Ereignisse, jedoch mit katastrophalen Folgen für die gesamte irdische Biosphäre. Aber auch kleinere Objekte können beträchtliche Schäden anrichten. Um solche Impakte zu vermeiden, ist es notwendig, eine Beobachtungsinfrastruktur zu entwickeln, um alle relevanten NEOs zu entdecken, die Bahndaten zu bestimmen, um so eine mögliche Kollision mit der Erde in der Zukunft vorherzusagen. Mittels eines Abwehrsystems müßte man dann den NEO auf eine ungefährliche Bahn lenken oder ihn zerstören.

Was sind Kometen und Asteroiden?

Kometen

Wer im Frühjahr 1996 und im Frühjahr 1997 einen Blick aus dem Fenster auf den Sternenhimmel warf oder gar in dunklere Gebiete außerhalb der Städte ging, konnte ein ganz besonderes Naturschauspiel beobachten: einen Kometen. Damals waren der Komet Hyakutake und ein Jahr später der Komet Hale-Bopp zu sehen, welche nach ihren Entdeckern benannt wurden.

Kometen sind Eisbrocken und bestehen hauptsächlich aus Wassereis, aber auch aus unterschiedlichen anderen gefrorenen Gasen mit Beimischungen aus Staub und kohlenstoffhaltigen Verbindungen, weshalb man oft auch von »schmutzigen Schneebällen« oder »eisigen Dreckklumpen« spricht. Als Entstehungsort der Kometen hat Jan Hendrick Oort 1950 aufbauend auf Arbeiten von Ernst Julius Öpik einen Bereich im äußeren Sonnensystem in der Zone zwischen den Planeten Uranus und Neptun ermittelt. Dort konnten bei der Entstehung des Sonnensystems die heißen und sich zum Rande des Sonnensystems bewegenden Gase abkühlen und feste Körper aus Eis bilden. Durch die Schwerkraftwirkung der großen Planeten wurden die Kometen in der Endphase der Sonnensystementstehung aus diesem Bereich herauskatapultiert und halten sich heute in der sogenannten Oortschen Wolke am äußersten Rande des Sonnensystems auf. Dort sollen sich die Kometen auf Ellipsen-

Aufnahme des Kometen Hale-Bopp. Gut zu erkennen ist der dicke, helle Staubschweif und der längere, dünne Ionenschweif.

COMETS
STARDUST

bahnen um die Sonne bewegen, wobei sie sich nicht wie die Planeten in einer gemeinsamen Ebene aufhalten, sondern beliebige Bahnebenen haben. Daher ergibt sich eine Kugelschale als Aufenthaltsort der Kometen.

Für Entfernungsangaben im Sonnensystem verwenden die Astronomen aus Gründen der Übersichtlichkeit meist nicht die Einheit Kilometer, da sich diese im Bereich vieler Millionen und Milliarden bewegen. Man wählte die mittlere Entfernung der Erde von der Sonne als Maßstab mit der Bezeichnung »Astronomische Einheit« (abgekürzt: AE, im Englischen »Astronomical Unit« – AU), dem 149,6 Millionen km entsprechen. Die Erde ist also 1 AE von der Sonne entfernt, der größte Planet im Sonnensystem Jupiter 5,2 AE und der fernste Planet Pluto 39,8 AE. Die Kometen werden in einem Bereich vermutet, der in etwa 20.000 AE Entfernung von der Sonne beginnt, wobei bei 45.000 AE die meisten Kometen vorkommen.

Es kommt nun aber vor, daß sich die Kometen durch eine Störung ihrer fast kreisförmigen Bahn auf eine elliptische Bahn umgelenkt werden, die sie in Richtung Sonne führt. Dies kann geschehen, wenn Kometen untereinander zusammenstoßen, wenn ein Stern in der Nähe der Oortschen Wolke vorbeizieht und durch seine Schwerkraft die Kometenbahnen ändert, oder wenn das gesamte Sonnensystem eine Staub- und

Zeichnung eines Kometen mit mehreren Dampffontänen und der Raumsonde Stardust im Hintergrund.

Gaswolke unserer Milchstraße durchfliegt, wodurch die Kometen abgebremst und leicht umgelenkt werden können. Einige Wissenschaftler vermuten einen kleinen, leuchtschwachen Schwesterstern der Sonne als Verursacher dieser Bahnstörungen. Dieser Stern wurde zwar noch nicht entdeckt, hat aber schon einen Namen: Nemesis.

Weil sich die Kometen in der Oortschen Wolke nur sehr langsam bewegen, dauert es auch meist tausende von Jahren, bis sie von dort in das innere Sonnensystem zu den Planeten gelangen. Nähern sich die Kometen auf ihrer Bahn um die Sonne dieser an, so beginnt ein Vorgang, dem wir es verdanken, die Kometen überhaupt sehen zu können: nämlich die Verdampfung eines Teils des Eises. Die Strahlung der Sonne erwärmt die Kometenoberfläche und das dort vorhandene Eis verdampft. Dies beginnt etwa ab Jupiterentfernung, weil dort die Sonnenstrahlung stark genug ist, um das Kometeneis zu verdampfen und diese Verdampfung verstärkt sich, je näher der Komet der Sonne kommt. Da sich der Komet aber im luftleeren Weltraum befindet, verdampft das Eis direkt, ohne Wasser zu bilden, wie auf der Erde (der Fachbegriff hierfür lautet Sublima-

tion). Wenn eines Tages Astronauten auf einem Kometen landen, werden sie also keine Wasserpfützen vorfinden. Bei einem typischen Kometen verdampfen in Sonnennähe pro Sekunde bis zu 100 Tonnen Eis des Kerns. Das Oberflächenmaterial des Kometenkerns ist durch die Kohlenstoffverbindungen sehr dunkel, schwärzer als Steinkohle, weswegen vom Kometenkern nur wenige Prozent des Sonnenlichts zurückgestrahlt werden. Das entstandene Gas nimmt auch kleinste Staubteilchen mit sich und verteilt sich im weiten Abstand um den Kometenkern. Diese Gaswolke wird Koma genannt und ist mit 10.000 bis 1 Million km viel größer als der Kern. Sie reflektiert das Sonnenlicht viel besser als der dunkle Kern und überstrahlt ihn, weshalb wir ihn von der Erde aus nicht sehen können.

Nun üben das Licht, der Sonnenwind, die Schwerkraft und das Magnetfeld der Sonne auf das Gas und die Staubteilchen eine Kraft aus, die sie von der Sonne weg bewegt. Es entsteht der Kometenschweif, der ebenfalls Sonnenlicht reflektiert und somit sichtbar ist. Kometenschweife können bis zu 300 Millionen km lang werden

Diese nicht maßstäbliche Darstellung zeigt die Bahn des Kometen Halley durch das innere Sonnensystem um die Sonne. Diese langgestreckte Ellipsenbahn ist typisch für Kometen.

(das ist die doppelte Entfernung Erde – Sonne). Die Dichte des Gases im Schweif ist aber sehr gering – viel niedriger, als das beste Vakuum, welches man auf der Erde in Laboren erzeugen kann.

Die bisher beobachteten Kometenkerne sind meistens einige Kilometer groß. Kometen unter einigen 100 Meter Durchmesser gibt es kaum, da sie sich in Sonnennähe relativ schnell (nach wenigen Sonnenumrundungen) auflösen. Während die größten erdbahnkreuzenden Asteroiden kaum größer als 10 bis 15 km im Durchmesser sind, war der Komet Hale-Bopp mit etwa 40 km im Durchmesser schon riesig. Größere Kometen wurden bisher in Sonnennähe nicht registriert, können vermutlich aber vorkommen. Da man einen Kometenkern nur von einer nahe vorbeifliegenden Raumsonde aus direkt beobachten kann, wie 1986 der Halleysche Komet, und ansonsten auf indirekte Messungen und Berechnungen angewiesen ist, ist es schwer, den Kerndurchmesser genau zu bestimmen.

Kometen haben nur eine geringe Festigkeit und können daher leicht auseinanderbrechen. Dies ist mehrfach bei Kometen in der Nähe der Sonne beobachtet worden. Meist lösen sich dann die Bruchstücke ebenfalls rasch auf. Diese Kometen haben alle ähnliche Bahnen, weshalb man sie zu einer gemeinsamen Gruppe, der Kreutz-Gruppe, zählt. Die Kometen der Kreutz-Gruppe kommen der Sonne bei jedem Umlauf sehr nahe und manche stürzten auch auf die Sonne, wo sie vollständig verdampfen. Sie werden darum im englischen »Sungrazers« (Sonnenkratzer) genannt. Marc Bailey und einige Kollegen vertreten die Theorie, daß ein großer Komet als Ursprungskörper der Kreutz-Gruppe anzusehen ist. Dieser soll sich einst in Sonnennähe in mehrere Bruchstücke geteilt haben, die die heutigen Kometen darstellen.

Auch bei Vorbeiflügen an Planeten können Kometen durch die Gezeitenkräfte auseinander gerissen werden. Dies geschah 1992 mit dem Kometen Shoemaker-Levy-9 nach einem Vorbeiflug am Jupiter, wobei auch die Bahn des Kometen stark geändert wurde. Im Sommer 1994 stürzte der Komet dann auf den Jupiter und verursachte gewaltige Explosionen. Inzwischen hat man auf dem Mond und auf einigen Monden des Jupiter regelrechte Ketten von Kratern gefunden, die auf den Einschlag eines in viele Teile zerrissenen Kometen hindeuten.

Kometen bewegen sich auf langgestreckten Ellipsen- und Parabelbahnen um die Sonne. In ihrem der Sonne am nächsten gelegenen Bahnpunkt bewegen sie sich am schnellsten, an ihrem fernsten Punkt sind sie am langsamsten. Das bedeutet für fast alle Kometen, daß sie nur auf einem kurzen Zeitabschnitt eines Umlaufes so stark von der Sonne erwärmt werden, daß sie einen Schweif bilden. Den Rest der Zeit fallen sie wieder in ihren tiefgekühlten Zustand zurück. Man unterteilt die Kometen nach ihrer Umlaufdauer: Kometen, die länger als 200 Jahre für einen Umlauf benötigen nennt man langperiodische Kometen (engl.: long-period comets – LPCs), diejenigen mit kürzeren Umlaufzeiten nennt man kurzperiodische Kometen (engl.: short-period comets – SPCs), wobei Kometen mit weniger als 20 Jahren Umlaufzeit auch als Kometen der Jupiterfamilie bezeichnet werden.

Nahaufnahme des Kerns des Halleyschen Kometen durch die europäische Raumsonde Giotto aus dem Jahre 1986. Giotto näherte sich dem Kern bis auf etwa 600 km und flog mit einer Geschwindigkeit von 68 km/s an ihm vorbei. Auf dem Bild der Halley Multicolor Camera (HMC) kann man deutlich Gasfontänen, Berge und Täler sehen. Halleys Kern ist etwa 16 km lang bei einer Breite von 8 km.

Diese Kometen der Jupiterfamilie wurden bei einem nahen Vorbeiflug am Jupiter durch dessen starke Gravitation auf eine andere Bahn umgelenkt. Jupiter kann durch den gleichen Effekt Kometen auch beschleunigen und auf Nimmerwiedersehen aus dem Sonnensystem hinaus katapultieren.

Neben den Kometen gibt es noch Objekte, die den Kometen gleichen – die Kuiperbelt-Objekte (KBOs). Man nennt sie auch Trans-Neptunian-Objects (TNOs), weil sie sich auf Bahnen jenseits des Planeten Neptun um die Sonne bewegen, also im Entstehungsgebiet der Kometen, weshalb man annimmt, daß die TNOs ebenfalls Kometen sind, die aber nicht in die Oortsche Wolke hinausgeschleudert wurden. Die TNOs sind nur schwer zu entdecken, da in dieser Entfernung das Sonnenlicht zu schwach ist, um Eis zu verdampfen – die TNOs haben keinen Kometenschweif und im Vergleich mit den Planeten sind sie unscheinbar klein. Die TNOs haben Durchmesser von bis zu mehreren 100 km und man spekuliert derzeit, ob der neunte Planet Pluto vielleicht auch ein großer TNO ist. Ob die Kometen

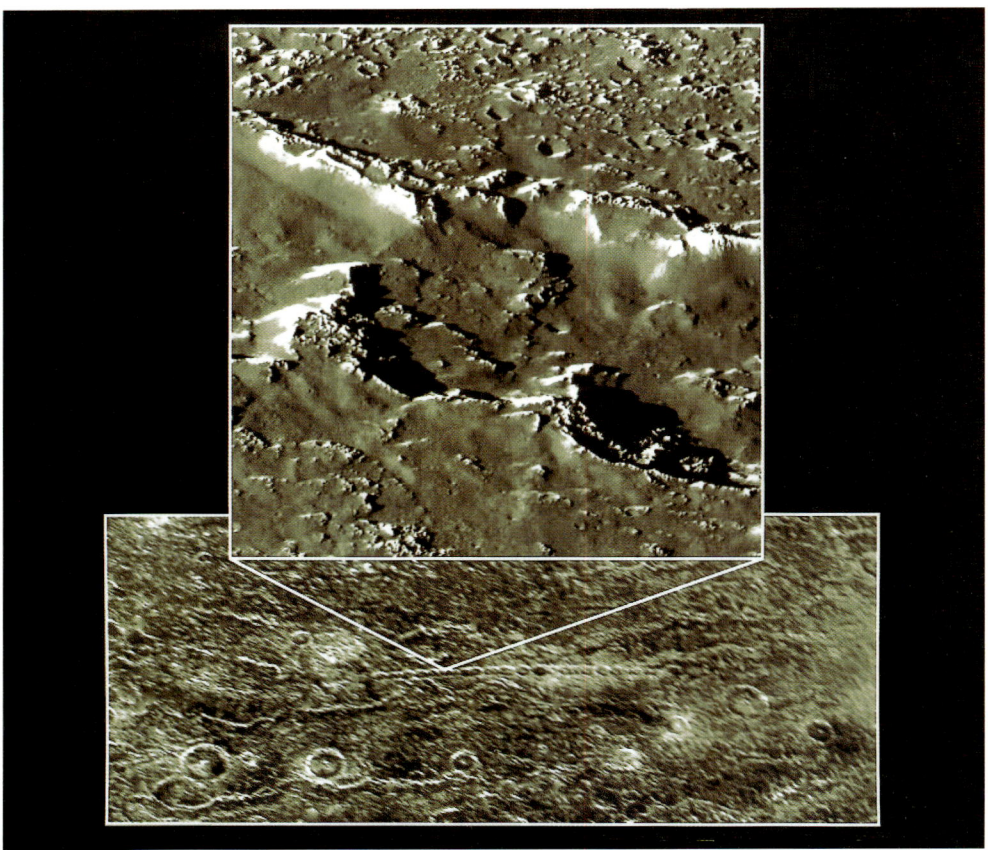

der Oortschen Wolke ebenso groß sein können, kann nur vermutet werden, da man sie wegen der großen Entfernung bisher nicht direkt beobachten konnte. Die gesamte Anzahl an Kometen in der Oortschen Wolke ist unbekannt, sie wird auf ungefähr 100 Milliarden geschätzt, von denen vielleicht eine Million in das innere Sonnensystem gelangen.

Ein schwieriges Problem stellen die langperiodischen Kometen (LPCs) dar. Weil sie aus fernen Bereichen des Sonnensystems kommen und daher so lange Umlaufzeiten haben, daß sie bisher noch unbekannt sind, ist man auf die Beobachtungen nach der Entdeckung angewiesen. Die meisten Kometen werden erst in Jupiterentfernung entdeckt, weil dort das Sonnenlicht ausreicht, um Material zu verdampfen und sie beginnen, einen Schweif zu bilden. Von dort sind sie aber schon in relativ kurzer Zeit von maximal 3 bis 4 Jahren in der Nähe der Sonne und der Erde. Diese sehr kurze Vorwarnzeit kann wahrschein-

Die Raumsonde Galileo konnte auf dem Jupiter-Mond Callisto eine Aufnahme einer Kraterkette gewinnen. Diese entstehen, wenn ein Komet, so wie 1992 Shoemaker-Levy-9, durch Gezeitenkräfte der Sonne oder eines Planeten in mehrere Bruchstücke zerrissen wird und die Bruchstücke sich wie Perlen auf einem Faden verteilen. Treffen sie dann auf einen Himmelskörper, so entsteht durch jedes Bruchstück ein Krater und zusammen bilden sie dann eine Kraterkette. In der Vergrößerung erkennt man, daß die Krater so eng zusammenliegen, daß sie ineinander übergehen.

lich eine erfolgreiche Abwehr verhindern oder deutlich erschweren. LPCs können sich der Erde auch auf einer gegenläufigen Bahn nähern, was es besonders schwierig macht, eine Raumsonde mit einem Abwehrsystem rechtzeitig dorthin zu starten, weil der Start in eine solche Flugbahn sehr viel Energie erfordert. Für die Abwehr von LPCs müßten also Abwehrsysteme bereit stehen, was aber extrem teuer und auch durch die Möglichkeit einer Fehlfunktion oder eines Mißbrauchs gefährlich ist. Ein Ausweg wäre eine noch frühe-

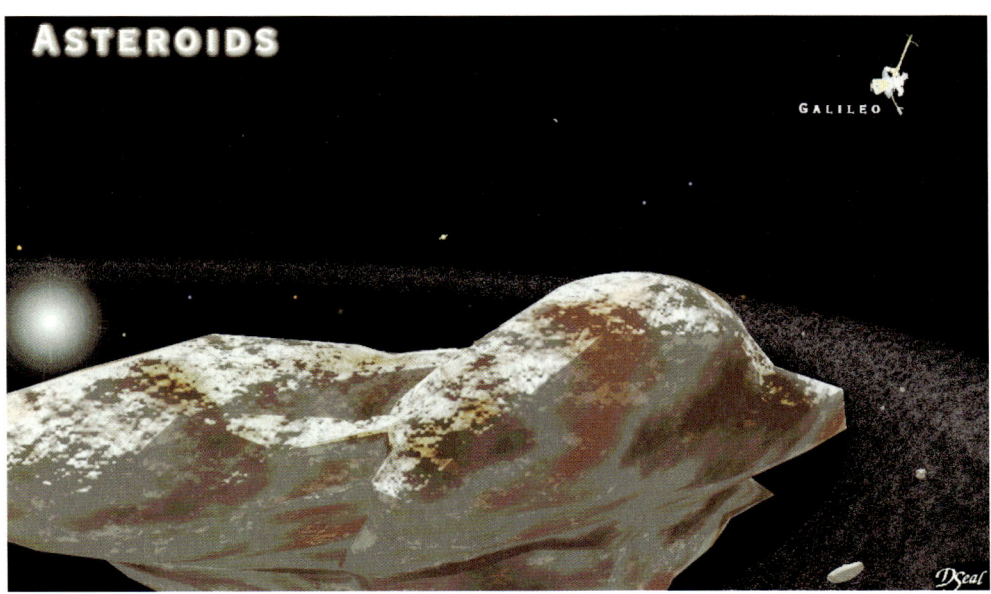

ASTEROIDS

GALILEO

Künstlerische Darstellung eines Asteroiden mit der
Raumsonde Galileo im Hintergrund.

re Entdeckung und Bahnberechnung der LPCs, was aber mit heutigen Mitteln noch nicht absehbar ist. Die langperiodischen Kometen stellen heutzutage ein ernstes, noch nicht gelöstes Problem dar. Glücklicherweise machen sie nur einen geringen Teil (einige Prozent) aller Einschläge aus.

Asteroiden

Die Asteroiden – sie werden auch Planetoide oder Meteoroide genannt – zählen neben den Kometen zu den kleinen Körpern im Sonnensystem. Der größte Asteroid Ceres hat einen Durchmesser von etwa 1000 km und ist somit deutlich kleiner als unser Mond, der einen Durchmesser von 3476 km aufweist. Was die Wahrnehmung von Asteroiden betrifft, so unterscheiden sich diese grundsätzlich von den Kometen. Weil die Asteroiden, wie die Kometen, im Vergleich zu den Planeten sehr klein sind, aber keinen Schweif haben, sind sie für das bloße Auge unsichtbar. Daher verwundert es nicht, daß man Ceres erstmals im Jahre 1801 mittels eines Teleskopes entdeckte, während die Planeten bis zum Saturn und die Kometen den Menschen seit jeher bekannt waren.

Asteroiden bestehen hauptsächlich aus Gestein mit Beimischungen aus verschiedenen Metallen und Kohlenstoffverbindungen. Es gibt auch Asteroiden, wenn auch nur wenige Prozent, die nur aus Metall bestehen, wobei das häufigste Metall Eisen ist, gefolgt von Nickel.

Die meisten Asteroiden kreisen in der gleichen Richtung und in der gleichen Ebene wie die Planeten auf fast kreisförmigen Bahnen um die Son-

Der erste Vorbeiflug an einem Asteroiden gelang der
Raumsonde Galileo, die damals auf dem Weg zum
Jupiter war. Gaspra bewegt sich im Asteroidengürtel
zwischen Mars und Jupiter um die Sonne.

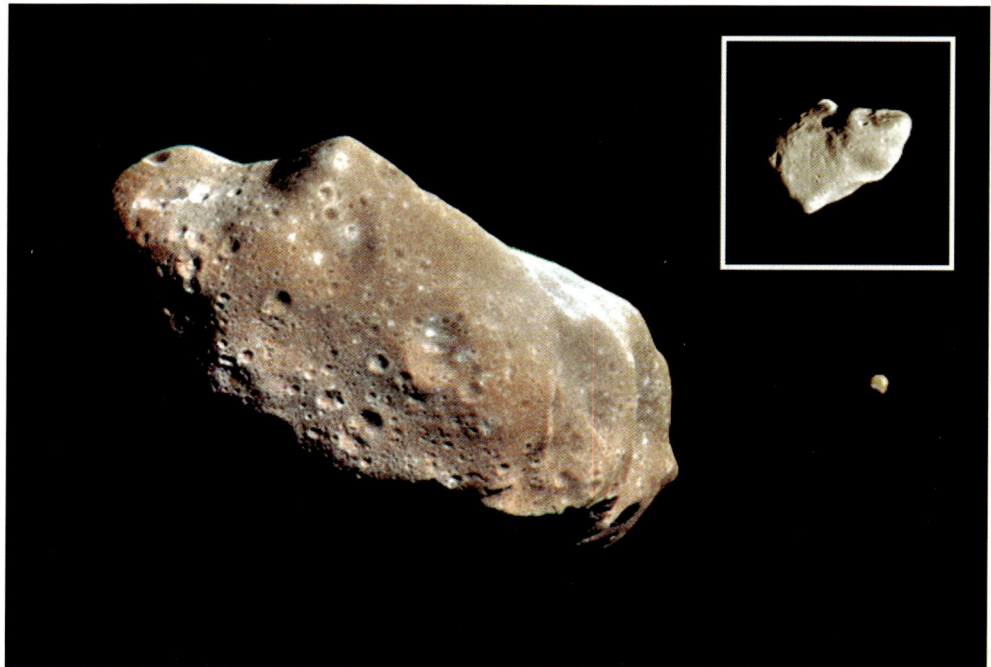

ne. Sie befinden sich zwischen den Planeten Mars und Jupiter, man nennt dieses Gebiet den Hauptgürtel der Asteroiden. Alle Asteroiden zusammen genommen machen nur etwa 1/1.000 der Erdmasse aus.

Man hat vermutet, daß es früher anstatt des Hauptgürtels einen kleinen Planeten gegeben haben könnte, der später zerstört wurde. Doch man geht heute davon aus, daß sich dort wegen der starken Störkräfte durch die Gravitation des Jupiter nie ein Planet bilden konnte. Jupiters Schwerkraft bewirkt, daß sich an manchen Stellen im Hauptgürtel kaum Asteroiden befinden. Dies trifft auf Bahnen zu, deren Umlaufzeit in einem ganzzahligen Verhältnis zur Umlaufzeit des Jupiter stehen. Das kommt daher, daß die Asteroiden sich innerhalb der Jupiterbahn bewegen und somit schneller sind als dieser. Sie führen während einer Sonnenumrundung des Jupiter (ein Jupiterjahr) je nach ihrer Entfernung von der Sonne entsprechend mehr Sonnenumrundungen (Asteroidenjahre) durch. Ist das Verhältnis von Asteroiden- zu Jupiterjahren ganzzahlig, beispielsweise 2:1 oder 5:2, so begegnen sich Jupiter und der Asteroid regelmäßig im gleichen Abstand zueinander. Dies bewirkt, daß die viel stärkere Schwerkraft des Jupiter die Bahn des Aste-

Fotomontage der Asteroiden Ida, Dactyl und Gaspra (Kasten) im gleichen Maßstab. Ida hat eine Länge von etwa 50 km.

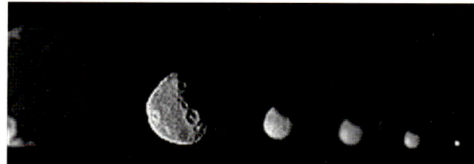

Der Mond des Asteroiden Ida trägt den Namen Dactyl und hat einen Durchmesser von 1,5 km. Hier sind mehrere Aufnahmen aus verschiedenen Entfernungen gezeigt.

roiden so sehr stört, daß sie instabil wird und die Asteroiden herausgedrängt werden. Man nennt dies auch eine Resonanz.

Kollisionen von Asteroiden untereinander reichen nicht aus, um auf eine Bahn zu gelangen, die sie in Erdnähe bringt. Aber die Kollisionen bewirken, daß die Asteroiden in nahegelegene Resonanzgebiete gelangen und dann durch Jupiters Schwerkraft aus dem Asteroidengürtel herausgedrängt werden. Dabei können sie die Bahnen der inneren Planeten kreuzen und, wenn beide Himmelskörper zur gleichen Zeit an der gleichen Stelle sind, mit ihnen zusammenstoßen. Astero-

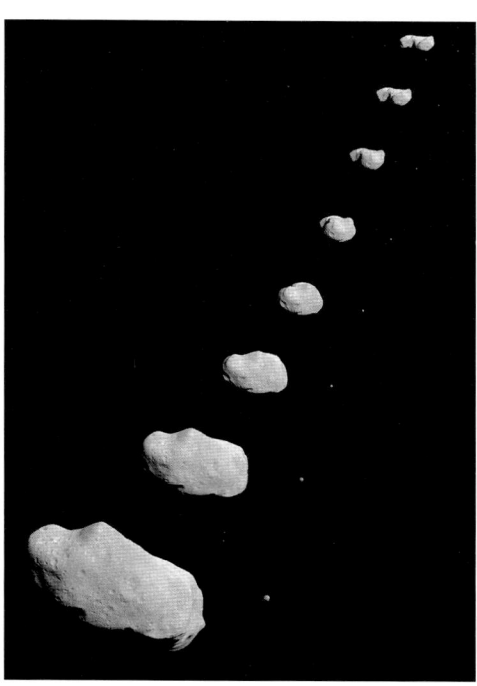

Der Asteroid Ida wurde von der Raumsonde Galileo aus unterschiedlichen Entfernungen aufgenommen. Da Ida rotiert, ist jeweils eine andere Seitenansicht zu sehen und man kann Ida's „Kartoffelform» gut erkennen.

iden die in die Nähe der Erde kommen nennt man erdnahe Asteroiden (engl.: Near-Earth Asteroids – NEAs). Das passiert aber selten, so daß es viele NEAs gibt, die sich viele Millionen Jahre auf solchen Bahnen bewegen können, bevor es zu einem Zusammenstoß kommt. Der Fall, der in manchen Katastrophenfilmen dargestellt wurde, daß ein Komet einen Hauptgürtelasteroiden trifft und diesen direkt auf die Erde umlenkt, ist also unmöglich, weil die Kollision so stark sein müßte, daß beide Objekte sich gegenseitig zerstören würden.

Insgesamt unterscheidet man drei Gruppen von Asteroiden, die in Erdnähe gelangen können: die Apollo-, Amor- und Aten-Gruppe. Die Apollo-Asteroiden kreuzen die Erdbahn und können mit ihr kollidieren. Ihre Umlaufzeit um die Sonne beträgt mehr als 1 Jahr. Die Aten-Asteroiden befinden sich die meiste Zeit innerhalb der Erdbahn, viele kreuzen die Erdbahn nicht, kommen ihr aber sehr nahe und könnten eines Tages durch Bahnstörungen zu Erdbahnkreuzern werden. Die dritte Gruppe sind die Amor-Astero-

iden, welche die Marsbahn kreuzen und sich der Erde nähern können. Auch sie können durch Bahnstörungen zu Erdbahnkreuzern werden. Der mit etwa 40 km Durchmesser größte erdnahe Asteroid Ganymed gehört zu der Amor-Gruppe, kreuzt also die Erdbahn nicht und stellt somit keine unmittelbare Gefahr dar.

Erdnahe Asteroiden, welche der Erde näher als 7,5 Millionen km kommen und größer als 150 Meter sind, nennt man potentiell gefährliche Asteroiden (engl.: Potentially Hazardous Asteroids – PHAs). Man hat diese Entfernung definiert, weil sich im Laufe der Zeit durch Störkräfte von Sonne und Planeten die Bahnen ändern. Ein Objekt, daß sich der Erde auf diese Entfernung nähert, kann sich bei späteren Umläufen der Erde noch stärker annähern und eventuell mit ihr kollidieren. Von den derzeit bekannten 733 NEOs sind 179 als PHAs eingestuft.

Wie oft kommen Einschläge vor?

Da viel mehr kleine NEOs als große vorkommen, sind Einschläge kleinerer Objekte entsprechend häufiger. Die kleinsten Teilchen rieseln als feinster Staub laufend vom Himmel. Sternschnuppen (auch Meteore genannt) können jede Nacht beobachtet werden, bei Meteorschauern sogar mehrere hundert pro Stunde. Man schätzt die Zahl an Meteoroiden, die nicht in der Atmosphäre verglühen und als Meteoriten zu Boden fallen auf 10.000 bis 50.000 pro Jahr weltweit. Einschläge von kilometergroßen Objekten kommen im statistischen Mittel im Abstand von hunderttausenden von Jahren vor. Doch einen kommenden Einschlag kann man nur vorhersagen, wenn man einen NEO zuvor beobachtet und seine Bahn vorausberechnet hat.

NEA-Durchmesser größer als:	Anzahl:
30 m	1 bis 100 Millionen
100 m	150.000 bis 600.000
500 m	4.500 bis 18.000
1 km	1.000 bis 4.200
2 km	200 bis 800

Tabelle: Anzahl erdnaher Asteroiden (NEAs) verschiedener Größe

Die Anzahl erdnaher Objekte ist von ihrer Größe abhängig. Obige Tabelle zeigt die geschätzte Anzahl erdnaher Asteroiden an, die größer als der angegebene Durchmesser sind, d.h. die Anzahl an NEAs größer 30 m beinhaltet alle 100 m NEAs, usw. Bis Juni 1999 wurden insgesamt 733 erdnahe Asteroiden von einigen Metern bis zu 40 km Durchmesser entdeckt.

Nahe Vorbeiflüge

Noch häufiger als Einschläge kommen nahe Vorbeiflüge von NEOs vor. In den folgenden Tabellen sind nahe Vorbeiflüge von NEOs aufgeführt (aufgeteilt nach Asteroiden und Kometen). Diese Objekte kamen der Erde relativ nahe, aber da es noch keine Beobachtungen rund um die Uhr gibt, sind diese nicht vollständig. So wurde der Asteroid »1989 FC« erst einige Tage nach seiner größten Annäherung auf Aufnahmen entdeckt und man erkannte durch eine Zurückrechnung der Bahn, daß dieser Asteroid der Erde sehr nahe gekommen war. 1989 FC flog in 690.000 km Entfernung an der Erde vorbei, das war weniger als der doppelte Abstand des Mondes von der Erde, oder, wenn man die Bahngeschwindigkeit der Erde einrechnet, ein zeitlicher Abstand von 6,4 Stunden. 1989 FC mißt etwa 300 m bis 600 m im Durchmesser, was bei einem Einschlag zu einer Katastrophe geführt hätte. Die Asteroiden 1997 XF11 und 1999 AN10 sorgten für einigen Wirbel, da man ihre Bahnen vorausberechnet hatte

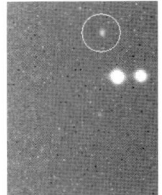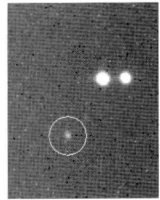

Der erdnahe Amor-Asteroid 1998 SJ2 (Kreise) wurde am 18. September 1998 durch das ODAS Team aufgenommen. Man sieht, daß es unmöglich ist, auf solchen Aufnahmen Konturen oder gar Oberflächenmerkmale zu erkennen.

und herausfand, daß eine minimale Chance besteht, daß sie in einigen Jahrzehnten die Erde treffen können. Für 1997 XF11 fand man alte Beobachtungsdaten und als man diese in die Berechnungen einbezog konnte Entwarnung gegeben werden. Bei 1999 AN10 fand man heraus, daß er sich allerhöchstens bis auf 38.000 km der Erde nähern könnte, was etwa der Umlaufbahn der Fernseh- und Wettersatelliten entspricht. Wahrscheinlicher ist aber, daß 1999 AN10 in noch größerer Entfernung vorbei fliegt.

Diese Ereignisse führten allgemein zu der Einsicht, daß man kein Frühwarnsystem besitzt, um einen drohenden Einschlag rechtzeitig zu erkennen und Gegenmaßnahmen zu treffen. Man nahm durch 1989 FC die Gefahr eines Einschlages ernster als zuvor.

Die 10 nähesten Vorbeiflüge von Asteroiden und Kometen werden in den beiden folgenden Tabel-

Name des Asteroiden	Entfernung in 1000 km (in Mondentfernungen)	Datum der größten Annäherung	ungefährer Durchmesser des Asteroiden (in Metern)
-	0,06, d.h. 58 km (0,00015)	10. Aug. 1972	3 bis 10
1994 XM1	105 (0,27)	09. Dez. 1994	10 bis 15
1993 KA2	150 (0,39)	20. Mai 1993	5 bis 10
1994 ES1	165 (0,43)	15. März 1994	7 bis 12
1991 BA	165 (0,43)	18. Jan. 1991	7 bis 12
1995 FF	434 (1,13)	27. März 1995	13 bis 30
1996 JA1	449 (1,16)	15. Mai 1996	200 bis 400
1991 VG	464 (1,21)	05. Dez. 1991	5 bis 10
1989 FC (4581 Asclepius)	690 (1,79)	23. März 1989	300 bis 600
1994 WR12	710 (1,85)	24. Nov. 1994	110 bis 240
1937 UB (Hermes)	733 (1,91)	30. Okt. 1937	670 bis 1500

Tabelle: Die zehn nähesten Asteroiden-Vorbeiflüge

Name des Kometen	Entfernung in 1000 km (in Mondentfernungen)	Datum der größten Annäherung
D/1770 L1 Lexell	2.259 (5,88)	1. Juli 1770
55P/1366 U1 Temple-Tuttle	3.426 (8,91)	26. Oktober 1366
C/1983 H1 IRAS-Araki-Alcock	4.668 (12,14)	11. Mai 1983
1P/837 F1 Halley	4.997 (13,00)	10. April 837
3D/1805 V1 Biela	5.475 (14,24)	9. Dezember 1805
C/1743 C1	5.834 (15,17)	8. Februar 1743
7P/Pons-Winnecke	5.894 (15,33)	26. Juni 1927
C/1702 H1	6.538 (17,01)	20. April 1702
73P/1930 J1 Schwasmann-Wachmann 3	9.230 (24,01)	31. Mai 1930
C/1983 J1 Sugano-Saigusa-Fujikawa	9.395 (24,44)	12. Juni 1983

Tabelle: Die zehn nähesten Kometen-Vorbeiflüge

len beschrieben. Die jeweilige Vorbeiflugentfernung ist in Mehrfachen von 1.000 km angegeben und zur Veranschaulichung auch im Vielfache der Mondentfernung, mit dem Datum der größten Annäherung. Der Durchmesser der beobachteten Asteroiden wird aus deren Helligkeit berechnet.

Dafür wurden typische Werte für ihre Zusammensetzung und somit für den Anteil des reflektierten Sonnenlichtes angenommen. Deshalb erhält man für den Durchmesser einen Minimal- und Maximalwert. Der erste Asteroid in der Liste trat sogar unter einem sehr flachen Winkel in die Atmosphäre ein, wurde nur wenig abgebremst und verließ die Erde wieder. Die Daten der Tabelle werden vom Minor Planet Center (MPC) in Cambridge, Massachusetts, USA, gesammelt, laufend aktualisiert und im Internet veröffentlicht. Es ist anzumerken, daß ein Einschlag eines NEO kleiner als 30 Meter nicht gefährlich ist, weil der NEO in der Erdatmosphäre zerstört werden würde.

Die zehn nähesten Kometenvorbeiflüge sind in obiger Tabelle dargestellt. Dabei war eine Angabe der Kometenkerndurchmesser wegen fehlender Meßwerte nicht möglich. Hierbei ist festzustellen, daß der früheste der 10 nähesten bekannten Kometenvorbeiflüge schon aus dem Jahre 837 stammt.

Damals hatte man noch nicht genügend genaue Methoden zur Entfernungsbestimmung, aber da man manche Kometen, wie den Kometen Halley, mehrmals beobachten und somit die Bahn bestimmen und zurückrechnen konnte, kam man auf diese Ergebnisse.

Der auch in Europa gut sichtbare Komet Hyakutake näherte sich im März 1996 der Erde auf 15,2 Millionen km (39,62 Mondentfernungen). Würde man diese Tabelle weiterführen, dann würden mehrere Kometen, wie z.B. Halley, des öfteren auftauchen, da ihn seine Bahn immer wieder in die Nähe der Erde bringt.

Neben diesen relativ häufigen nahen Vorbeiflügen kommt es entsprechend seltener zu Einschlägen auf der Erde. Man kann sich das Erde-Mond-System als eine Dartscheibe vorstellen, deren Rand die Mondbahn darstellt und innerhalb derer manchmal NEOs durchfliegen. Die Fläche dieser Dartscheibe mit dem Radius einer Mondentfernung ist 3.840 mal größer als die Fläche der Erde in der Mitte. Wenn man nun ohne zu zielen Dartpfeile (»NEOs«) auf die Scheibe wirft, so wird nach einer gewissen Anzahl an Würfen auch einmal das Bulls Eye (»die Erde«) getroffen werden, vielleicht sogar schon beim ersten Wurf – 50 Punkte! Doch wie oft kommt ein solcher Volltreffer vor?

Einschlaghäufigkeiten

Die mittleren Zeitabstände zwischen zwei gleich großen Einschlägen (in der Fachsprache Impaktintervalle genannt) werden aus Kraterstatistiken der Erde und des nahen Mondes, sowie aus Simulationen der Bahnentwicklung für ganze Klassen von Körpern über lange Zeiträume bestimmt. Man zählt nun einfach Krater gleicher Größe auf Oberflächen, deren Alter man kennt. Auf dem Mond haben die Astronauten der Apollo-Raumflüge gezielt Gesteine fotografiert und eingesammelt. Im Labor wurde das Alter dieser

Der Mond ist übersät mit Einschlagskratern verschiedener Größen. Dieser Blick schräg auf den Nordpol des Mondes gelang 1992 bei einem Vorbeiflug der Raumsonde Galileo.

Steine gemessen. Jetzt weiß man, wann sich die betreffende Oberfläche gebildet hat, wie groß sie ist und wieviele Krater seit damals dort entstanden sind. So kann man ausrechnen, wie oft solche Krater gebildet werden. In Deutschland werden solche Berechnungen auch für andere Himmelskörper von Prof. Neukum am Institut für Weltraumsensorik und Planetenerkundung des Deutschen Zentrums für Luft- und Raumfahrt in Berlin-Adlershof, durchgeführt.

Diese Berechnungen zeigen, daß die Einschlagsrate seit etwa 3 Milliarden Jahren konstant ist. Das mag für lange Zeiträume von hunderten von Millionen Jahren stimmen, aber wenn man nur wenige tausend Jahre betrachtet, dann wird man keine Gleichmäßigkeit finden. In der folgenden Tabelle ist die ungefähre mittlere Zeit zwischen zwei Einschlägen von Asteroiden bestimmter Größe mit einem Maximal- und Minimalwert angegeben.

Simulation des Blicks vom Asteroiden Toutatis aus zur Erde bei einem nahen Vorbeiflug.

Asteroiden-Durchmesser:	Ungefähre Zeit zwischen zwei Einschlägen [Jahre]:
50 m	100 bis 400
200 m	2.500 bis 10.000
500 m	25.000 bis 100.000
1 km	150.000 bis 600.000
5 km	3 bis 12 Millionen
10 km	15 bis 60 Millionen

Tabelle: Mittlere Intervalle von Einschlägen erdnaher Asteroiden (nach Chapman und Morrison)

Man kann aus diesen Werten nur eine Wahrscheinlichkeit für einen zukünftigen Einschlag ermitteln, aber den nächsten Einschlag nicht vorhersagen. Mit den heute bekannten Daten kann man feststellen, daß ein Einschlag eines 1 km großen NEOs im Mittel etwa einmal alle 300.000 Jahre vorkommt. Selbst wenn man wüßte, wann der letzte NEO dieser Größe die Erde traf, ist es unsinnig, zu diesem Datum 300.000 Jahre zu addieren, um den nächsten Einschlag zu ermitteln. NEOs sind keine Uhrwerke. Sie treffen dann die Erde, wenn sich beide Himmelskörper zum gleichen Zeitpunkt an der gleichen Stelle im Sonnensystem befinden und das kann jeden Augenblick der Fall sein – oder erst in 100 Jahren oder in einer Million Jahre. Es gibt also nach dem oben genannten Mittelwert eine 100% Chance, daß die Erde einmal in 300.000 Jahren von einem 1 km NEO getroffen wird. Doch dieser Zeitraum entzieht sich unserer Lebenserfahrung. Wenn wir die nächsten 100 Jahre betrachten, dann gibt es eine Chance von 1 zu 3.000, oder 0,33%, für den Eintritt eines solchen Ereignisses. Angenommen, Sie würden 100 Jahre lang an jedem Wochende einen Lotto-Tip bei 6 aus 49 abgeben, dann hätten Sie in dieser Zeit eine Chance von 1 zu 1,9 Millionen, oder 0,00005%, sechs Richtige zu tippen. Einen 1 km NEO-Einschlag zu erleben ist etwa 650 mal wahrscheinlicher. Aber hier

setzt das Problem der Wahrscheinlichkeitsrechnung ein: Sie können schon beim ersten Lotto-Tip richtig liegen – was kaum wahrscheinlich, aber möglich ist, weswegen Lotto überhaupt gespielt wird. Auch ein NEO-Einschlag in der nächsten Zeit ist nicht sehr wahrscheinlich – aber trotzdem möglich. Ein kommender Einschlag kann nur durch die exakte Bestimmung der Bahndaten der entdeckten NEOs, zum Zweck der Vorausberechnung der zukünftigen Bahnen und des Risikos einer möglichen Kollision mit der Erde, bestimmt werden. Dafür ist eine möglichst vollständige und genaue Erfassung der relevanten NEOs (größer etwa 50 m) notwendig. Aufgrund der jetzigen geringen NEO-Entdeckungsvollständigkeit von wenigen Prozent, besteht eine sehr große Chance, daß uns der nächste Einschlag überraschen wird.

Die beiden amerikanischen Wissenschaftler Clark Chapman und David Morrison haben 1994 eine verblüffende Berechnung vorgestellt. Sie wollten die durchschnittliche Wahrscheinlichkeit für einen NEO-Einschlag als individuelle Todesursache bestimmen und mit anderen Todesursachen vergleichen. Dazu nahmen sie an, daß die mittlere Lebenserwartung 65 Jahre betragen soll, und daß die gesamte Erdbevölkerung aus 5 Milliarden Menschen besteht. Außerdem nahmen sie drei verschiedene Impakt-Typen (A, B und C) an, die in der folgenden Tabelle näher beschrieben sind.

Der Impakt Typ A wird durch einen 600 m großen Asteroiden verursacht, der statistisch einmal alle 70.000 Jahre vorkommt. Hier wird angenommen, daß ein solcher Einschlag zu einer weltweiten Klimaänderung führen würde, an deren Folgen 1,5 Milliarden der 5 Milliarden Menschen sterben würden. Dies entspricht einer Zahl von etwa 20.000 Toten pro Jahr. Selbstverständlich ist diese Zahl nur ein rechnerischer Wert, denn in der Wirklichkeit würde es bei einem Einschlag

Impakt-Typ:	Asteroiden-Durchmesser [km]:	Energie [Mt]:	Impaktintervall [Jahre]:	Durchschnittliche Tote pro Impakt:	Tote pro Jahr (ca.):
A	0,6	15.000	70.000	1,5 Mrd.	20.000
B	1,5	200.000	500.000	1,5 Mrd.	3.000
C	5,0	10 Mio.	6 Mio.	1,5 Mrd.	250

Tabelle: Impakt-Typen A, B und C (nach Chapman und Morrison)

Todesursache:	Wahrscheinlichkeit:
Unfall im Straßenverkehr	1 / 100
Mord	1 / 300
Feuer	1 / 800
Schußwaffenunfall	1 / 2.500
Impakt Typ A	1 / 3.000
Elektrischer Schlag	1 / 5.000
Impakt Typ B	1 / 20.000
Flugzeugunglück	1 / 20.000
Flut	1 / 30.000
Tornado	1 / 60.000
Giftschlangenbiß	1 / 100.000
Impakt Typ C	1 / 250.000
Feuerwerk-Unfall	1 / 1 Million
Lebensmittelvergiftung	1 / 3 Millionen

Tabelle: Statistische Todesfallwahrscheinlichkeiten (nach Chapman und Morrison)

plötzlich sehr viele Tote geben, aber in den anderen Jahren keine. Fall A stellt die untere Grenze für eine weltweite Klimaänderung dar. Der Fall B mit einem 1,5 km großen NEO führt nach Meinung der Experten höchstwahrscheinlich zu einer weltweiten Änderung des Klimas, was zu der gleichen Anzahl an Opfern führen würde. Für den Fall C ist man sich absolut sicher, das eine weltweite Klimaänderung mit den oben beschriebenen Folgen eintritt, dies ist die Obergrenze.

In der folgender Tabelle wurden die individuellen Todesfallwahrscheinlichkeiten (für Einwohner der USA) mit anderen Ursachen verglichen. Man kann erkennen, daß der Fall B die gleiche Wahrscheinlichkeit aufweist, wie die Todesursache Flugzeugunglück. Trotzdem muß man diese Aussage mit Vorsicht betrachten, denn Flugzeugunglücke kommen jedes Jahr vor und so kann man auch jährliche Durchschnittswerte mit gewissen Abweichungen ermitteln. Asteroiden- und Kometeneinschläge kommen selten vor und fordern im Katastrophenfall vermutlich Milliarden Opfer, während die meiste Zeit über nichts passiert. Dennoch zeigen diese Durchschnittswerte, daß NEO-Einschläge durchaus an die Folgen anderer uns bekannter Katastrophen heranreichen.

Die uns bekannten in der Tabelle aufgeführten Unglücksfälle und Notsituationen sind zwar auch Ausnahmen, aber trotzdem fühlt man sich besser, wenn man sich und seine Familie abgesichert hat. Je nach dem eigenen Bedürfnis nach Absicherung schließt man private Versicherungen aller Art ab und manche Versicherungen sind aus gutem Grund vom Staat als Pflichtversicherung vorgesehen (z.B. Arbeitslosen-, Kranken-, Rentenversicherung), um die notwendigste Vorsorge zu gewährleisten. Eine Absicherung gegen Einschlagkatastrophen (mit einem Such- und Abwehrprogramm) wäre also eine Art von Lebensversicherung für die Menschheit, mit dem Unterschied, daß man nicht die Hinterbliebenen finanziell absichert, sondern aktiv den Eintritt der kommenden Katastrophe zu vermeiden sucht.

Einschlagereignisse und ihre Folgen

Einschläge von erdnahen Asteroiden und Kometen (NEOs – Near-Earth Objects) auf der Erde sind natürliche Vorgänge. Einschläge kommen auch auf allen anderen Körpern des Sonnensystems vor, was bedeutet, daß jede feste Oberfläche im Sonnensystem Krater aufweist. Da Staubteilchen sehr viel häufiger vorkommen als kilogrammschwere Meteoroide (kleine Asteroiden- oder Kometenstücke), sind Mikrokrater, beispielsweise auf Mondgestein, entsprechend häufiger als metergroße Krater.

Für die Erde gelten andere »Spielregeln« als für den Mond, denn sie ist von einer Atmosphäre umgeben, die kleine Meteoroide nicht bis zum Erdboden kommen läßt. Sie hat auch eine stärkere Schwerkraft, wodurch die Meteoroide schneller werden und sie beim Eintritt in die Atmosphäre oder beim Aufprall auf den Erdboden mehr Energie freisetzen, als auf dem Mond.

Die Auswirkungen solcher Zusammenstöße hängen von unterschiedlichen Faktoren ab. Gewicht (Masse) und Geschwindigkeit bestimmen die Energie, die das Objekt an die Erde abgibt. Die Gleichung der Bewegungsenergie besagt, daß wenn man die Masse eines Objektes verdoppelt, sich auch dessen Bewegungsenergie verdoppelt. Aber der Einfluß der Geschwindigkeit wächst oder sinkt quadratisch, d.h. wenn man die Geschwindigkeit verdoppelt, so vervierfacht sich die Energie. Und da sich alle Meteoroide, die auf die Erde fallen, wegen der Erdanziehung mit mindestens 11,2 km/s bewegen, sind auch bei kleineren Felsbrocken die freiwerdenden Energien schon enorm.

Kommt nun ein NEO in den Bereich der Erdanziehung, so wird er durch sie beschleunigt und erreicht die Erde mit einer Geschwindigkeit, die immer höher als 11,2 km/s ist. Diese Geschwindigkeit erreicht jeder Körper an der Erdoberfläche, nachdem er aus »unendlicher« Entfernung fallen gelassen wurde – langsamer geht es nicht. Hatte der Körper noch eine Anfangsgeschwindigkeit, so wird er die Erde mit noch größerer Geschwindigkeit treffen. Umgekehrt betrachtet muß eine Rakete, die sich von der Erde entfernen soll, um z.B. zu Asteroiden oder zu anderen Planeten zu fliegen, mindestens 11,2 km/s schnell sein.

Die durchschnittliche Einschlaggeschwindigkeit beträgt bei Asteroiden etwa 15 bis 25 Kilometer pro Sekunde, Kometen können bis zu 73 km/s erreichen, wenn sie der Erde frontal entgegenkommen. Zum Vergleich: ein PKW legt bei 100 km/h 27,7 m pro Sekunde zurück (0,027 km/s), ein typisches Verkehrsflugzeug bewegt sich mit etwa 0,25 km/s, die Schallgeschwindigkeit am Erdboden liegt bei 0,33 km/s.

Werden winzigste Teilchen eingefangen, so geschieht dies meist ohne nennenswerte Wechselwirkung. Wenn aber Staubkörnchen auf die Luftmoleküle prallen, entsteht bei diesen hohen Geschwindigkeiten durch die Reibung mit der Luft schnell Wärme und das Objekt verglüht in

Diese helle Feuerkugel wurde bei der Beobachtung des Leoniden-Schauers am 16. November 1998 in der Mongolei aufgenommen.

Sekundenbruchteilen. Dies geschieht bereits in der hohen Atmosphäre unterhalb etwa 100 Kilometern Höhe. Die Leuchterscheinung beim Verglühen nennt man Meteor, oder besser bekannt als »Sternschnuppe«. Die gesamte Menge an Staub, die täglich von der Erde eingefangen wird, macht einige 100 oder 1000 Tonnen aus. Trotzdem ist das viel zu wenig, um eine merkliche Staubschicht auf der Erde zu bilden.

Kilogrammschwere und damit einige dezimetergroße Brocken beginnen auch an ihrem äußeren Rand zu schmelzen und zu verglühen. Durch ihre höhere Masse werden sie nicht so schnell abgebremst und gelangen in tiefere Atmosphärenschichten. Der Luftdruck nimmt dort rasch zu und somit auch die Abbremsung. Die Atmosphäre wirkt dann wie eine Mauer und das Objekt wird oft durch die wirkenden Kräfte in einer Explosion zerrissen. Der sichtbare Feuerball wird in der Fachsprache auch »Bolide« genannt.

Bleibt nach den Flug durch die Atmosphäre und dem Abbremsen noch Material übrig, so fällt es im freien Fall zur Erde. Kilogrammschwere Objekte, die vorher stark abgebremst wurden, fallen dann nur noch mit Geschwindigkeiten von etwa

Am 8. Februar 1969 fiel in Mexiko ein Schauer von mehreren tausend Meteoriten bei dem Ort Allende, verteilt über ein Gebiet von 12 km mal 50 km. Es handelte sich um den seltenen Typ eines kohligen Chondriten, d.h. in diesem Steinmeteoriten sind Kohlenstoffverbindungen eingeschlossen.

Der Schnitt durch einen Eisen-Nickel-Meteoriten von Gibeon, Namibia, Afrika, zeigt die typischen Ätzlinien – die Widmanstättenschen Figuren. Sie kommen bei irdischem Eisen nicht vor.

200 km/h, etwa so schnell wie ein Fallschirmspringer vor dem Öffnen des Fallschirms zum Erdboden. Die Steine, die dann am Boden gefunden werden, heißen Meteorite.

Ob bei kleinen Objekten nach dem Flug durch die Atmosphäre noch Material übrig bleibt und als Meteorit auf der Erde gefunden werden kann, wird auch durch seine Zusammensetzung bestimmt. Besteht der Brocken aus festem Gestein oder Metall, so sind die Chancen besser als bei einem Objekt aus porösem Gestein mit kohlenstoffhaltigen Verbindungen oder gar aus Eis (wie die Kometen). Und auch der Eintrittswinkel des Objektes in die Atmosphäre ist wichtig, denn bei einem senkrechten Sturz zur Erde sind die auftretenden Kräfte viel größer, als wenn das Objekt sehr flach auf die Atmosphäre trifft und langsamer abgebremst wird.

Es gibt Meteoriten-Sammlerbörsen, auf denen man seltene oder häufig vorkommende Meteorite kaufen oder tauschen kann – ein interessantes Hobby. Sollten Sie einmal einen Meteoriten finden, der z.B. in Ihren Garten fällt, informieren Sie bitte ein wissenschaftliches Institut oder eine Sternwarte davon. Auch die Uhrzeit des Falls und sonstige Beobachtungen sind für die Untersuchung des Meteoriten wichtig. Aber keine Angst, wenn Sie einen Meteoriten gefunden haben, ist er Ihr Eigentum, Sie bekommen ihn nach der Untersuchung zurück.

In Europa besteht das European Fireball Network, welches aus dutzenden automatisch arbeitender Kameras besteht, die in klaren Nächten den Himmel fotografieren. Die in Deutschland, der Tschechischen und Slowakischen Republik, Österreich, Belgien und der Schweiz aufgestellten Meteorstationen werden hauptsächlich von Amateuren betreut. Die Bilder werden am Ondřejov-Observatorium bei Prag ausgewertet und liefern viele Daten über helle Meteore und Feuerkugeln, so daß man deren ursprüngliche Bahnen im Sonnensystem berechnen kann.

Ein ungewöhnliches Ereignis erlebten tausende amerikanischer Sportfans, die sich am Freitag, dem 9. Oktober 1992 um 20:00 Uhr in Stadien an der US-Ostküste eingefunden hatten. Dieses Ereignis betraf aber nicht den Ausgang der von ihnen besuchten Spiele, sondern eine Erscheinung am Himmel über ihnen. Ein Feuerball überquerte den Nachthimmel der USA und zerlegte sich während seines 40 Sekunden dauernden Fluges laufend in kleinere Teile. Weil seine Anfangsgeschwindigkeit mit 15 km/s relativ niedrig und seine Bahn sehr flach war, kam es nicht zu einer Explosion, sondern zu dieser langsamen Auflösung. Zum Glück für die Wissenschaftler haben viele Sportfans ihre Videokameras auf den Feuerball gerichtet und ihn gefilmt. Daraus konnte man viele Details erkennen und wegen der unterschiedlichen Standorte der Beobachter auch die laufend absinkende Höhe des Meteors bestimmen. Zu Beginn der Videoaufnahmen befand er sich noch in 46 km Höhe, sank aber auf den letzten Aufnahmen auf etwa 30 km ab. Dort bewegte er sich nur noch mit ca. 5 km/s durch die Luft. Es

Der Barringer- oder Meteor-Crater in Arizona, USA, hat einen Durchmesser von 1200 Metern und eine Tiefe von 170 Metern. Er entstand durch den Impakt eines nur 30 Meter großen Eisen-Nickel-Asteroiden. Zum Größenvergleich: das Bild zeigt eine Besuchergruppe beim Abstieg in den Krater.

wurde am Ende des Fluges nur ein Bruchstück des Feuerballs gefunden – ein 12 kg schwerer Meteorit traf im Ort Peekskill im Bundesstaat New York ein in einer Hofeinfahrt geparktes Auto. Der Meteorit hatte eine solche Wucht, daß er den Kofferraum durchschlug. Nach dem ersten Schock konnten sich die Autobesitzer freuen: ein Museum kaufte ihnen den durchschlagenen Wagen für ein mehrfaches des Zeitwertes ab.

Noch größere Objekte von einigen Tonnen Masse werden weniger stark gebremst und setzen in der Atmosphäre oder am Boden Energiemengen frei, die einige Kilotonnen TNT ausmachen können. Dies ist eine Vergleichseinheit, die für Atombomben verwendet wird: 1 Kilotonne (kt) TNT entspricht der Sprengkraft von 1000 Tonnen des chemischen Sprengstoffs TNT. Die Hiroshima-Atombombe hatte eine Stärke von 13 kt TNT. Solche starken Explosionen in der Atmosphäre werden auch von speziellen Satelliten entdeckt, die nach verbotenen Atomwaffentests und Raketenstarts auf der Erde Ausschau halten. Seit einigen Jahren werden diese Informationen

auch an Wissenschaftler weitergegeben und man hat festgestellt, daß die Erde pro Jahr etwa 20 bis 30 mal von kleinen Asteroiden und Kometen getroffen wird, die kilotonnenstarke Explosionen in der Atmosphäre verursachen. Der Unterschied zu Atombombenexplosionen besteht darin, daß keine Radioaktivität freigesetzt wird. Die Militärs setzen dann im Zweifelsfall Flugzeuge ein, die das Explosionsgebiet durchfliegen, Staub sammeln und die Radioaktivität messen, um so die Ursache bestimmen können. Gibt es radioaktiv strahlende Staubteilchen, so geht man von einer Nuklearexplosion aus, strahlt der Staub nicht, so war ein mehrere Meter großer NEO der Verursacher der Explosion.

Am 1. Februar 1994 gab es 20 km über dem Südpazifik, zwischen den Fidschi-Inseln und den Tokelau-Inseln, eine etwa 2 bis 3 kt starke Explosion (die Hiroshima-Atombombe hatte 13 kt). Augenzeugen berichteten von einem hell leuchtenden Objekt, das sich sehr schnell über den Himmel bewegte und schließlich explodierte. Da das US-Militär einen Nuklearwaffentest befürchtete und man in der kurzen Zeit noch keine Meßergebnisse hatte, entschloß man sich, den US Präsidenten Bill Clinton zu wecken, um ihn darüber zu informieren. Es stellte sich später heraus, daß es sich um einen kleinen Asteroiden von etwa 1000 Tonnen Masse gehandelt hat, was einem Durchmesser von ungefähr 20 Metern entspricht. Weil die Explosion über dem Meer stattfand, wurden keine Meteoriten gefunden.

Einen ähnlichen Fall gab es über Kanada im Oktober 1990, also kurz vor dem Ausbruch des Golfkrieges. Hätte diese Explosion über der Krisenregion stattgefunden, wäre man unter den gegebenen Umständen vermutlich spontan von der Explosion eines Nuklearsprengsatzes ausgegangen und hätte mit einem »Gegenangriff« reagiert. Solche Überlegungen wurden schon in den 50er Jahren aufgestellt, um die Instabilität des nuklearen Gleichgewichtes der Supermächte zu verdeutlichen. Glücklicherweise kam es aber bisher zu keiner solchen Explosion über militärisch bedeutsamen Anlagen!

Größere Brocken, im Bereich von einigen Dutzend Metern im Durchmesser unterscheiden sich in ihren Folgen, je nach ihrer Zusammensetzung. Der bekannte 1,2 km große und 170 m tiefe Meteor Crater in Arizona, USA, wurde von einem nur etwa 30 m großen Eisen-Nickel-Asteroiden ge-

Der Meteor Crater in Arizona, USA, von einem Flugzeug aus gesehen.

formt. Das geschah vor etwa 50.000 Jahren. Einschlagskrater entstehen, wenn ein Objekt mit so hoher Geschwindigkeit auf den Erdboden trifft, daß es dabei explodiert. Meist verdampft das einschlagende Objekt und man findet nur selten Bruchstücke. Durch die Gewalt der Explosion wird der Untergrund in alle Richtungen fortbewegt: nach unten hin wird der Boden zusammengedrückt und weicht zur Seite hin aus. Dabei wird der Kraterrand aufgehäuft. Anderes Material wird nach ober geschleudert und fällt in der Nähe des Kraters herunter. Durch die Explosion formen sich kreisrunde Krater, auch wenn das Objekt schräg auf den Untergrund trifft. Nur in seltenen Fällen bei ganz flachen Einschlagwinkeln von wenigen Grad entstehen längliche Krater.

Im Gegensatz dazu explodierte am 30. Juni 1908 über Sibiren ein 60 m großer Steinasteroid in der Atmosphäre. Die Abbremsung in der Atmosphäre war stark genug, um ihn in 9 km Höhe in einer gewaltigen, 10 bis 15 Megatonnen (Mt) starken Explosion zu zerstören. Die dabei entstandene Druckwelle breitete sich auch in Richtung Erdboden aus und verwüstete dort ein 2.200 Quadratkilometer großes Gebiet, was der doppelten Fläche Berlins entspricht. Mit einem solchen Einschlag muß im Mittel alle 200 bis 300 Jahre gerechnet werden, manche Forscher vermuten, daß solche kleinen NEOs noch häufiger die Erde treffen und das nicht nur in einer konstanten Rate. Sie vermuten, daß es Zeiten gibt, wo Tunguska-ähnliche Objekte in ganzen Schwärmen in Erdnähe gelangen. Das Tunguska-Ereignis wird an späterer Stelle noch ausführlich beschrieben. Sind die NEOs einige 100 m groß, so bietet die Erdatmosphäre keinen ausreichenden Schutz mehr. Neben der Zusammensetzung und der anderen Parameter spielt dann auch der Einschlagsort eine immer größere Rolle. Bei einem Treffer im Meer wird eine gewaltige Flutwelle –

Die Henbury-Impaktkrater in Australien entstanden vor weniger als 5000 Jahren. Damals schlug hier ein Eisen-Nickel-Asteroid ein, der vermutlich kurz zuvor in der Atmosphäre explodiert war und somit 13 nahe bei einander liegende Krater erzeugte.

ein Tsunami – entstehen, der ganze Küstenregionen überfluten kann, wobei die Schäden größer sein können, als bei einem Einschlag auf dem Festland. Das Wort »Tsunami« stammt aus dem Japanischen und bedeutet »Riesige Welle«. Tsunami istein fester Begriff für diese in Japan häufig vorkommenden Flutwellen. Auf offener See sind Tsunamis nicht zu bemerken, weil die durch das Beben entstandenen Wellen nur wenige Dezimeter hoch und sehr langgezogen sind. Diese kleinen Wellen schaukeln sich aber beim Erreichen der Küste stark auf und können dann viele Meter Höhe aufweisen. Diesen Effekt kann man sich so erklären, daß die Energie, die zuvor in einer schwingenden Wassersäule (mit Höhe der aktuellen Meerestiefe) gespeichert war, mit der Welle weiterwandert und nun in einer viel kürzeren Wassersäule an der Küste noch immer vorhanden ist. Dadurch verstärken sich die Schwingungen (Wellenhöhen), bis die Küste erreicht wird. Je nach Küstenform können sich diese Wellen um das 10 bis 20-fache aufschaukeln und so zu gewaltigen Tsunamis werden, die sogar 50 bis 100 km ins Landesinnere dringen können. Dabei reißen sie alles mit, was ihnen im Wege steht, bis auf vielleicht einige stabile Betonkolosse, die als Ruinen zurückbleiben. Man kann sich die Folgen leicht ausmalen, wenn man bedenkt, daß sich rund um die Weltmeere Milliarden von Menschen in Metropolen wie Los Angeles, Tokyo, Hong Kong, usw. niedergelassen haben.

Kleinere Tsunamis kommen mehrmals pro Jahr vor und werden meist durch Erd- und Seebeben, Unterwassererdrutsche und Vulkanausbrüche verursacht. So forderte am 17. Juli 1998 ein Tsunami von 7 bis 10 Metern Höhe geschätzte 3.000 Todesopfer, als er die Nordküste von Papua Neu Guinea auf einer Länge von 40 km überflutete. Die am stärksten betroffene Stelle war das Gebiet zwischen der Sissano Lagoon und Sissano Village. Der Tsunami wurde durch ein Seebeben der Stärke 7,0 hervorgerufen.

Solche Tsunamis können auch bei einem NEO-Einschlag im Meer entstehen. Computersimulationen der Sandia National Laboratories in Albuquerque, USA, haben uns die Folgen eines Kometeneinschlages drastisch vor Augen geführt. In einer Simulation wurde gezeigt, daß direkt an der Einschlagstelle die Wassermassen durch den 60 km/s schnellen und 1 km messenden Kometen weit über 10 km hoch geschleudert werden. Die

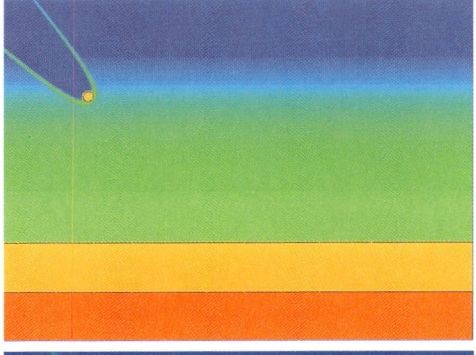

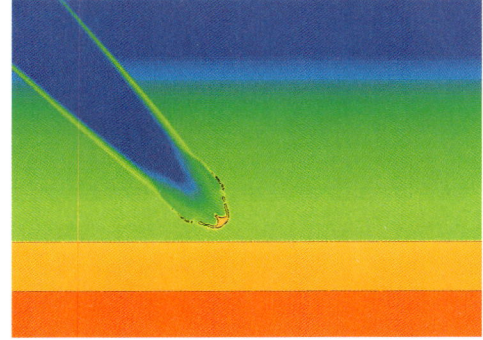

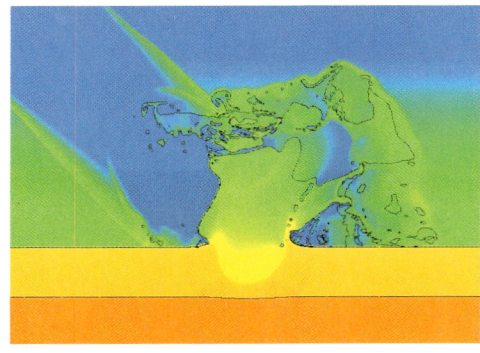

Von den Sandia National Laboratories in den USA wurde 1997 eine Computer-Simulation eines Kometeneinschlages in einen Ozean durchgeführt. Die Sequenz zeigt drei Bilder, jeweils in einem zeitlichen Abstand von einer Sekunde. Im ersten Bild tritt der 1 km große Kometenkern unter 45 Grad mit 60 km/s in die obere Erdatmosphäre ein. Im zweiten Bild hat er fast den 5 km tiefen Ozean erreicht und beginnt sich wegen der starken Abbremsung zu zerlegen. Gut zu erkennen ist der hinter dem Kometenkern entstandene Vakuumkanal, der bis in den Weltraum reicht und mehrere Kilometer breit ist. Das dritte Bild zeigt die gewaltige Explosion beim Aufprall des Kometen auf die Meeresoberfläche. Dabei verdampfen der Komet und ein Teil des Wassers, und es wird sehr viel Wasserdampf und Staub in die hohe Erdatmosphäre geschleudert, was eine weltweite Klimaänderung bewirken würde.

sich nun ausbreitende Welle flacht sehr schnell ab, schaukelt sich aber an der Küste wieder auf, so daß noch in 1.000 km Entfernung mit mehreren 100 m hohen Tsunamis gerechnet werden muß.

Kürzlich entdeckte man an der australischen Küste Geröllablagerungen, die durch einen gewaltigen Tsunami 300 m über den Meeresspiegel gespült wurden. Die Ursache für diesen Riesen-Tsunami ist noch unbekannt. Ein Einschlag eines kleineren NEOs in die flachen Gewässer der Nordsee oder Ostsee wäre für Europa weniger dramatisch, da diese Meere mit meist 100 m nicht besonders tief sind und somit keine Riesen-Tsunamis entstehen würden. So würde beispielsweise ein 50 m Eisen-Nickel-Asteroid bei 100 m Meerestiefe in einigen 100 km Entfernung nur eine 0,5 m hohe Welle verursachen, die sich vielleicht noch zu einem 5 m hohen Tsunami an der Küste aufschaukeln könnte. Im Gegensatz dazu ist die Atlantikküste, und dort besonders Portugal, stärker gefährdet, weil sich die Tsunamis am Kontinentalschelf stärker aufschaukeln, während sie in flachen Gewässern ihre Energie langsam abgeben. Für das oben genannten Beispiel könnte sich hier ein Tsunami von 10 bis 15 m bilden.

Ein interessantes Phänomen bei großen Einschlägen auf dem Land ist die Entstehung der Tektite. Tektite sind glasartige Steine von einigen cm Größe. Sie entstehen im Moment des Einschlages, wenn der Erdboden durch die Kompression und Explosion des NEOs so heiß wird, daß er schmilzt und verdampft. Diese Stücke werden mit enormer Geschwindigkeit fortgeschleudert und formen sich bei ihrem Flug durch die Atmosphäre zu Tropfen, kühlen ab und behalten oft diese Tropfenform. Abhängig von der Stärke des Einschlages können die Tektite hunderte oder tausende Kilometer weit weggeschleudert werden. Beispielsweise wurden durch den Einschlag, der das Nördlinger Ries bildete, Tektite bis in das heutige Tschechien geschleudert. Diese Tektite nennt man auch »Böhmisches Glas«. Bei größeren Einschlägen entstehen kurzzeitig Temperaturen von über 30.000 Grad und Drücke von einigen Millionen Bar. Dabei wird das Gestein des Erdbodens zertrümmert und auch in seiner Struktur verändert. Es bilden sich noch in großer Tiefe sogenannte geschockte Quarze, die unter dem Mikroskop kleine Lamel-

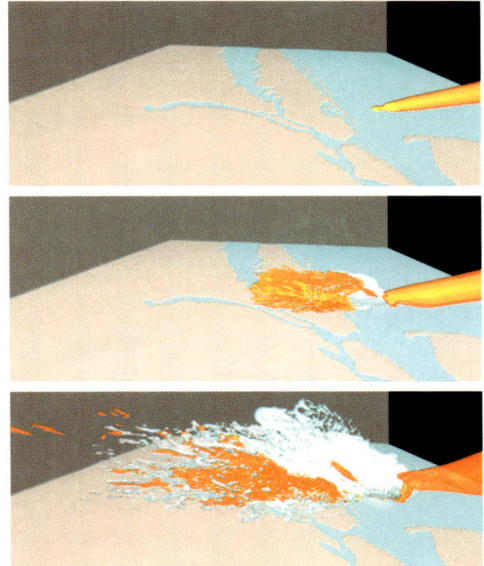

Diese Computersimulation der Sandia National Laboratories, USA, von 1998 zeigt die Folgen eines Asteroideneinschlages in den Atlantik nahe New York. Diese drei Seitenansichten mit Blick nach Norden im zeitlichen Abstand von 0,4, 2,4 und 8,4 Sekunden nach dem Einschlag verdeutlichen die Auswirkungen eines Aufpralls unter einem flachen Winkel von 15 Grad: der teils über 5000 Grad Celsius heiße Explosionsfeuerball vermischt mit Wasserdampf wird in Flugrichtung weggeschleudert und trifft das Festland um New York und Long Island. Einige Teile der Explosionswolke werden auf so hohe Geschwindigkeiten beschleunigt, daß sie die Erde verlassen. New York wäre völlig zerstört worden.

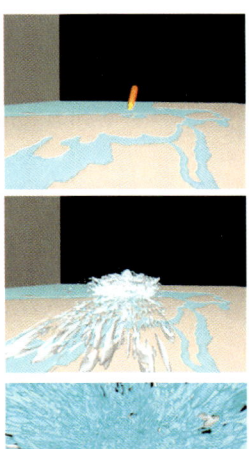

Die gleiche Simulation aus anderer Perspektive: der Asteroideneinschlag wird von einem Flugzeug mit Blick nach Osten auf New York und die dahinterliegende Einschlagstelle beobachtet. Das Flugzeug würde nach wenigen Sekunden von der Explosionswolke erfaßt werden.

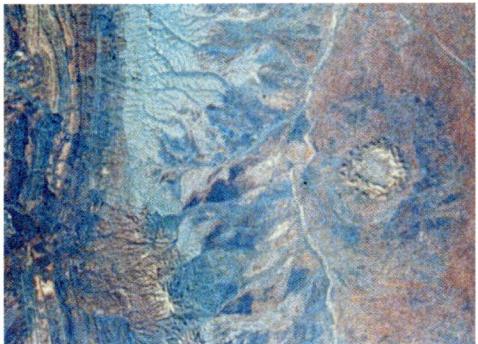

Der Krater Gosses Bluff in Australien ist nur aus dem All, hier vom Space Shuttle aus, in seiner ganzen Ausdehnung von 25 km, mit seinem 5 km großen Innenring, gut zu erkennen. Wegen unterschiedlicher Gesteinezusammensetzungen wurde der äußere Teil des Kraters im Laufe seiner 142 Mio. Jahre langen Geschichte stärker abgetragen als der Innenring.

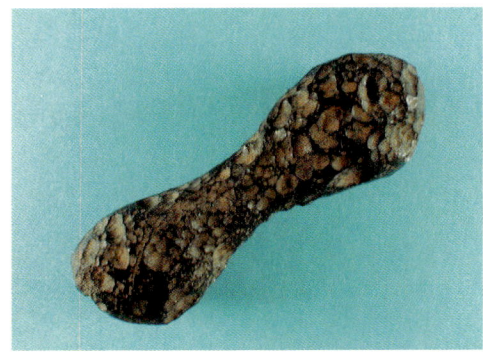

Tektite entstehen bei großen Einschlägen, wenn Erdboden bei der Explosion geschmolzen und fortgeschleudert wird. Dieser hantelförmige Tektit drehte sich in der Luft bevor er erstarrte und erhielt so seine längliche Form.

Gosses Bluff in Australien ist der Rest eines Einschlagskraters von 25 km Durchmesser. Heute ist nur noch der 5 km weite innere Ring des Kraters deutlich sichtbar, hier vom Flugzeug aus.

Tektite kühlen bei ihrem Flug durch die Erdatmosphäre ab und können, so wie hier, auch eine Knopfform annehmen.

len aufweisen. Auch die Hochdruckminerale Coesit und Stishovit sind Folgeprodukte von Einschlägen oder künstlichen Explosionen, und wurden schon früh im Barringer-Crater und Kratern von Nuklearwaffenversuchen nachgewiesen. Da sie bei keinen anderen irdischen Prozessen, wie Erdbeben, Vulkanausbrüchen, etc. vorkommen, gelten sie als sicheres Indiz für einen Einschlag, auch wenn der dabei entstandene Krater durch Erosion bereits abgetragen wurde.

Die auf der Erde bisher gefundenen Krater weisen Durchmesser von bis zu 300 km auf. Solche große Impakte bringen enorme Mengen Staub und Wasserdampf in die hohe Erdatmosphäre ein, was zu einer Änderung des Weltklimas führt und bedeuten daher eine Katastrophe für die gesamte irdische Biosphäre. Weitere Folgen eines großen Einschlages können die weltweite Zerstörung der Ozonschicht sein, weltweite Waldbrände durch auf die Erde zurückstürzende Trümmer des Einschlages, eine gleichzeitige Auslösung vieler Erdbeben durch die Wucht des Einschlages, saurer Regen durch die bei dem Einschlag vermutlich in großen Mengen entstandenen chemischen Verbindungen und die Freisetzung von Radioaktivität aus zerstörten Kernkraftwerken und Atomwaffenlagern. Auch wird die Infrastruktur unserer industrialisierten Welt, wie Verkehrsverbindungen, Produktionsstätten, sowie Wohngebiete, etc. zu einem gewissen Teil zerstört oder unbenutzbar werden.

Der Impakt eines etwa 10 km großen Stein-Asteroiden vor 65 Millionen Jahren verursachte vermutlich das Aussterben vieler Arten, so auch der Dinosaurier. Inzwischen hat man auch den damals entstandenen Krater entdeckt. Der Chicxulub-Krater liegt unter einer mehrere Kilometer dicken Sedimentschicht halb auf der Halbinsel Yucatán, Mexiko, und halb im Golf von Mexiko. Solche gigantischen Impakte kommen auch heutzutage vor, wie der Einschlag des Kometen Shoemaker-Levy-9 auf dem Jupiter 1994 gezeigt hat. Die gesamte dort freigesetzte Energie entsprach 300 Gigatonnen TNT, vergleichbar mit etwa 23 Millionen Hiroshima-Atombomben. Allerdings war Shoemaker-Levy-9 nur etwa 3 km groß und man muß bedenken, daß Jupiter durch seine gegenüber der Erde 2,4 mal höhere Schwerkraft auch deutlich mehr Einschläge zu verzeichnen hat.

Die folgende Tabelle listet die fünf größten bekannten Einschlagskrater der Erde auf. Die beiden größten Krater sind mit etwa 2 Milliarden Jahren auch die ältesten bekannten Krater, beide wurden durch Bewegungen der Erdkruste verformt. Kleinere Krater gleichen Alters sind durch Erosion im Laufe der Jahrmilliarden verschwunden.

Kollidiert ein Asteroid oder Komet mit der Erde, so sind die Folgen von mehreren Faktoren abhängig: NEO-Durchmesser, seine Dichte, Form, Geschwindigkeit, Festigkeit, der Einschlagwinkel auf die Erde, usw.

Eine genaue Auflistung aller Parameter und ihrer Folgen würde zu weit führen, doch die Tabelle auf Seite 42 stellt die Folgen verschieden starker Einschläge dar. Es werden jeweils der Durchmesser des NEOs und des entstandenen Kraters angegeben, sowie die Auswirkungen beschrieben.

Neben dem Problem einer regionalen oder auch weltweiten Klimaänderung durch einen Einschlag, muß mit einer Reihe weiterer Gefahren gerechnet werden. Viele der einigen 100 weltweit verteilten Kernkraftwerke wurden in vermeintlich erdbebensicheren Gebieten gebaut und daher nicht entsprechend stabil ausgeführt. Durch einen mehrere 100 Meter großen NEO entstehen in der Nähe des Einschlagsgebietes extrem starke Erschütterungen, die jedes Gebäude zum Einsturz bringen. Es ist auch anzunehmen, daß sich aufgestaute Spannungen in der Erdkruste durch einen solchen Einschlag plötzlich in einem gewaltigen Erdbeben entladen. Neben einer radioaktiven Verschmutzung ist aber auch eine Verseuchung durch chemische Substanzen aus zerstörten Chemiefabriken und Industriebetrieben zu befürchten.

Sogenannte Extinction Level Events (ELE, auf deutsch etwa: Ereignisse von Auslöschungsstärke) sind gigantische Einschläge, die zu einer Sterilisation des gesamten Planeten führen. Dafür sind jedoch NEOs von mehreren 100 km Durchmesser erforderlich, damit die Einschlagenergie so hoch wird, um an jedem Punkt der Erde über längere Zeit hinweg hunderte von Grad Celsius zu erzeugen, die alles Leben zerstören und auch zu einer Verdampfung der Ozeane führen würde.

Es ist beruhigend, daß kein erdbahnkreuzender Asteroid größer als 20 km Durchmesser hat und auch bisher keine erdnahen Kometen größer als 40 km entdeckt wurden. Asteroiden der ELE-Größe kreisen auf sicheren Bahnen im Asteroidengürtel um die Sonne und entsprechend große Kometen kreisen im Kuiper-Belt jenseits des Planeten Neptun um die Sonne. Ein Extinction Level Event ist glücklicherweise nicht zu befürchten, es gab auf der Erde auch keines mehr seit etwa 3,8 Milliarden Jahren, als das Leben entstand. Vielleicht gab es damals mehrere ELEs, so daß das Leben auf der Erde mehrere Male ausgelöscht wurde, bevor es in Form von einfachen Bakterien endgültig Fuß fassen konnte. Aber für eine globale Katastrophe und eine Bedrohung der heutigen komplexen Biosphäre reicht auch schon ein nur ein Kilometer großer Brocken aus...

Krater:	Ungefährer Durchmesser [km]:	Alter [Mio. Jahre]:
Vredefort, Süd-Afrika	200 bis 300	2.024
Sudbury, Kanada	200 bis 250	1.850
Chicxulub, Mexiko	150 bis 300	65
Popigai, Rußland	100	35
Manicougan, Kanada	100	214

Tab.: Die fünf größten bekannten Einschlagkrater der Erde

Der Manicougan-Krater in Quebec, Kanada, hat etwa 100 km im Durchmesser und ist 212 Mio. Jahre alt. Wegen seiner Größe wurde er erst aus dem All als Krater erkannt. Durch die Erosion ist heute nur noch ein ringförmiger See zu erkennen.

Explosions-stärke	Durchmesser NEO/Krater	Auswirkungen
kleiner 10 Mt	unter 75 m / unter 1,5 km	Explosion von Kometen und Steinasteroiden in der Atmosphäre, Eisenasteroiden werden kaum gebremst und formen Krater (»Meteor Crater«).
10 bis 100 Mt	75 m / 1,5 km	Eisenasteroiden verursachen Krater, Steinasteroiden und Kometen atmosphärische Explosionen (»Tunguska«). Es werden Gebiete der Größe großer Städte (Berlin, Paris) zerstört.
100 Mt bis 1 Gt	160 m / 3 km	Eisen- und Steinasteroiden erzeugen Krater, Kometen explodieren in der Atmosphäre. Die Fläche der zerstörten Gebiete entspricht großen Stadtregionen (New York, Tokyo).
1 Gt bis 10 Gt	350 m / 6 km	Einschläge auf dem Festland verursachen Krater und verwüsten Gebiete von der doppelten Größe des Saarlandes. Bei Einschlägen im Meer treten Tsunamis deutlich in Erscheinung.
10 Gt bis 100 Gt Mio.	700 m / 12 km	Festlandeinschläge zerstören direkt Flächen der Größe Niedersachsens. Tsunamis können diese Schäden noch übertreffen. Regionale Klimaänderungen möglich.
100 Gt bis 1000 Gt	1,7 km / 30 km	Durch den bei Landeinschlägen hochgeschleuderten Staub können weltweite Klimaänderungen mit globaler Ozonzerstörung eintreten. Direkte Zerstörung der Fläche Frankreichs. Tsunamis erreichen weltweite Ausmaße.
1000 Gt bis 10.000 Gt	3 km / 60 km	Land- und Meereseinschläge bewirken eine weltweite Klimaänderung. Die in die Atmosphäre geschleuderten und zurückstürzenden Trümmer erhitzen sich dabei, so daß weltweite Waldbrände vorkommen. Direkte Zerstörung einer Fläche Indiens.
10.000 Gt bis 0,1 Mio. Gt	7 km / 125 km	Starke globale Klimaänderung, möglicherweise Massensterben. Zerstörung einer Fläche der Größe Australiens.
0,1 Mio. Gt bis 1 Mio. Gt	16 km / 250 km	Große Massensterben, ähnlich dem Aussterben der Dinosaurier vor 65 Millionen Jahren.
über 1 Mio. Gt	über 16 km / über 250 km	Bedrohung allen höherentwickelten Lebens auf der Erde.

Tabelle: Auswirkungen von NEO-Einschlägen auf der Erde (nach Morrison, Chapman, Slovic)

Bisherige Katastrophen

Der Dinosaurier-Killer

Es gibt eine Vielzahl von Theorien, warum die Dinosaurier ausgestorben sind. Eine Verschlechterung der biologischen und physikalischen Umweltbedingungen in den letzten 5 bis 10 Millionen Jahren vor dem Aussterben soll schuld gewesen sein, so speziell eine Änderung des Erdklimas. Aber auch allmähliche genetische Veränderungen könnten die Dinosaurier geschwächt haben und man meinte auch, daß eine immer dünner werdende Schale der Dinosauriereier durch reduzierte Kalkaufnahme das Aussterben ausgelöst haben könnte.

Das Thema Dinosauriersterben erhielt eine neue Diskussionsrichtung, als 1980 der amerikanische Nobelpreisträger Luis W. Alvarez mit seinem Sohn Walter Alvarez, sowie Frank Asaro und Helen V. Michel in einem Bericht in der renomierten Zeitschrift »Science« die Theorie aufstellte, die Dinosaurier seien vor 65 Millionen Jahren durch die Folgen des Einschlags eines etwa 10 Kilometer großen Asteroiden ausgestorben.

Man leitete dies aus Messungen des seltenen Metalles Iridium ab, welches in der dunklen Erdschicht, welche die Grenze zwischen den Erdzeitaltern Kreide und Tertiär bildet, in stark erhöhten Mengen gefunden wurde. Die Labormessungen ergaben, daß die Iridium-Werte dort um 20 bis 160 mal über den Normalwerten lagen. Iridium kommt in der Erdkruste nur selten vor, aber in Meteoriten und daher auch in Asteroiden sehr viel häufiger. Daraus schlossen Alvarez und seine Kollegen, daß ein gewaltiger Asteroideneinschlag zu dieser Zeit stattgefunden haben muß. Sie berechneten über die Dicke der Erdschicht die Masse des Asteroiden und kamen auf einen Durchmesser von 6 bis 14 km, im Mittel 10 km. Nun stellte sich die Frage nach dem Einschlagkrater, der immerhin zwischen 150 km und 300 km im Durchmesser aufweisen müßte. Alle

Künstlerische Darstellung des Einschlages, der vermutlich das Ende der Dinosaurier bedeutete. Die wenigsten Lebewesen starben durch die direkten Auswirkungen des Einschlages – die meisten durch das geänderte Erdklima.

bekannten Krater dieser Größe waren deutlich zu alt oder zu jung.

Dem Geologe Antonio Camargo, ein Angestellter der mexikanischen Erdölgesellschaft Pemex, fiel bei der Auswertung der Ergebnisse der geophysikalischen Messungen bei der Ölsuche in Yucatan eine runde Struktur auf. 1981 trug er seine Hypothese, daß es sich dabei um einen Einschlagkrater handelt, auf einer wissenschaftlichen Tagung vor, wo man ihm keinen Glauben

Die schwarze Grenzschicht zwischen den Gesteinen der Kreidezeit und dem Tertiär ist mit dem seltenen Metall Iridium angereichert. Da es im Erdboden kaum, in Asteroiden aber in größeren Mengen vorkommt, schloß man daraus, daß dies die Überreste des Asteroiden sind, der vor 65 Millionen Jahren die Erde traf und vermutlich das Aussterben der Dinosaurier verursachte. Diese Aufnahme stammt von einem geologischen Forschungsgelände bei der italienischen Stadt Gubbio. Zum Größenvergleich eine 50 Lire-Münze, die einen Durchmesser von 24,8 mm hat.

schenkte. Nur ein Journalist hatte von der Alvarez-Theorie gehört und verknüpfte beide Ideen in einem Zeitungsartikel, was die Sache ins Rollen brachte.

Man geht heute davon aus, daß vor 65 Millionen Jahren ein Steinasteroid von 10 km Durchmesser die Erde traf. Innerhalb weniger Sekunden hatte er die Atmosphäre durchquert und traf auf den Erdboden. Durch die gewaltige Energie seiner eigenen Bewegung, die jetzt gebremst wurde, verdampfte er binnen einer Sekunde. Er formte einen 40 km tiefen Krater doch die Erdkruste federte wie eine zähe Flüssigkeit zurück und es blieb ein etwa 200 km breiter und mehrere km tiefer Krater übrig. Durch den Einschlag wurden Milliarden Tonnen Staub und Wasserdampf in die Atmosphäre geschleudert und diese verdunkelten für Wochen und Monate den Himmel. Weil der Asteroid auch eine kilometerdicke Schicht aus Kalkstein und Dolomit traf, wurden Millionen Tonnen Kohlendioxid und Schwefelverbindungen in die Atmosphäre geschleudert, was die Klimafolgen noch verstärkte. Dies bedeutete, daß das Sonnenlicht nicht mehr den Bo-

den erreichte und die Temperaturen plötzlich stark absanken. Die Photosynthese der Pflanzen wurde durch das fehlende Sonnenlicht unmöglich, wodurch viele Pflanzen abstarben. Dies bedeutete den Verlust der Nahrungsgrundlage vieler Tiere – die Nahrungskette war unterbrochen. Man geht davon aus, daß sich das Erdklima nicht sofort wieder erholte, worauf sich manche Arten nicht einstellen konnten und ausstarben. Insgesamt starben etwa 75 % aller Arten und 75 % aller Lebewesen damals aus. Das Massensterben betraf also nicht nur die Dinosaurier, sondern auch viele andere Arten. Man vermutet, daß damals alle Landlebewesen, die schwerer als 20 kg waren, umkamen.

Es gibt noch immer Kritik an dieser Theorie, so sollen beispielsweise gewaltige Vulkanausbrüche an der Klimaänderung Schuld sein. Auch in vulkanischem Gestein ist mehr Iridium als im restlichen Erdboden enthalten, doch man fand noch einen Beweis für den Chicxulub-Einschlag: die sogenannten geschockten Quarze. Das sind kleine Quarzkristalle im Erdboden, die durch die bei dem Einschlag entstehenden Stoßwellen lamellenartige Bruchlinien aufweisen. Kein anderer natürlicher Prozeß auf der Erde kann diese Bruchlinien erzeugen. Man kann im Gegenzug sogar den starken Vulkanismus zu dieser Zeit auf dem Indischen Subkontinent mit dem Chicxulub-Einschlag erklären. Damals vor 65 Millionen Jahren hatten die Kontinentalplatten noch eine andere Form und Lage als heute. Indien hatte die Asiatische Platte noch nicht erreicht und lag dem Einschlagsort genau gegenüber. An dieser Stelle, der Antipode des Einschlagortes, bündelten sich die beim Einschlag entstandenen Erdbebenwellen und müssen dort furchtbare Zerstörungen bewirkt haben. Vermutlich zerbrach die Kontinentalplatte an dieser Stelle und es setzte ein lange andauernder Vulkanismus ein. Solche zerstörten Gebiete sind vom Mond bekannt und werden dort »Geistergebiete« oder »Weird Terrains« genannt.

Das Gute an dieser Katastrophe war, daß durch diesen Einschnitt in der Evolution sich manche Arten besser weiterentwickeln konnten, sofern sie sich an die neuen Umweltbedingungen anpassen konnten. Zu diesen Arten gehörten auch die Säugetiere, von denen der Mensch abstammt. Ohne diesen Einschlag würde es uns heute wohl kaum geben.

Künstlerische Darstellung des Einschlages des Asteroiden, der vermutlich vor 65 Millionen Jahren das Aussterben der Dinosaurier verursachte. Der Stein-Asteroid hatte einen Durchmesser von etwa 10 km.

Tunguska, 30. Juni 1908

Was am 30. Juni 1908 über der »Steinigen Tunguska« in Sibirien geschah, gehörte viele Jahre zu den Rätseln der Menschheit. Obwohl sofort alarmierende Berichte nach Moskau und St. Petersburg gesandt wurden, kam die erste wissenschaftliche Expedition unter Leitung von Leonid Alexejewitsch Kulik erst 19 Jahre später zustande. Grund dafür waren, neben einem allgemeinen Desinteresse des westlichen Rußlands für die abgelegenen Gebiete im Osten, die innenpolitischen Streitigkeiten zwischen dem Zaren und der Duma, später folgte der erste Weltkrieg und 1917 die Oktoberrevolution. Leonid Kulik war als Mineraloge am Mineralogischen Museum in St. Petersburg (damals Petrograd) tätig und befaßte sich dort auch intensiv mit Meteoriten, was ihn auf die Spur des Tunguska-Ereignisses brachte. Es gelang ihm eine Expedition zusammenzustellen, um nach dem vermeintlichen Einschlagskra-

ter zu suchen und um Meteoriten zu bergen. Nach der damaligen Lehrmeinung bestanden Meteoriten aus Stein oder Metall und diese sollten ab einer gewissen Größe einen Krater erzeugen. Doch trotz intensiver Suche fand man keinen Krater und keinen einzigen Meteoriten...

Aber was war geschehen, was man in Moskau und St. Petersburg nicht zur Kenntnis nahm? Am Morgen des 30. Juni 1908 jagte plötzlich ein feuriges Objekt über den wolkenlosen Himmel Sibiriens. Es wurde in einem Gebiet bemerkt, das größer war als Frankreich und Deutschland zusammen. Das Objekt näherte sich mit extrem hoher Geschwindigkeit immer mehr dem Erdboden an, bis es in etwa 10 Kilometern Höhe explodierte. Der Knall war als tiefes Grollen im Um-

Anläßlich des 50. Jahrestages des Tunguska-Ereignisses gab die UdSSR 1958 diese Sonderbriefmarke heraus. Sie zeigt links die Explosion des Tunguska-Asteroiden, wie sie von Augenzeugen beschrieben wurde, und rechts den Tunguska-Erforscher L. A. Kulik.

Tieren befanden sich im betroffenen Gebiet und wurden ebenfalls getötet, genauer gesagt, man fand keine Überreste mehr.

Die Explosion war so gewaltig, daß Erdbebenmeßstationen in großen Teilen der Welt, so auch in Deutschland, die Erschütterung registrierten. Auch die Druckwelle wurde weltweit aufgezeichnet, sie lief sogar mehrmals um die Erde, bis sie sich soweit abgeschwächt hatte, daß man sie nicht mehr registrieren konnte. Generell hielt man den Einschlag für ein Erdbeben oder einen Vulkanausbruch – an einen Asteroideneinschlag dachte kaum jemand. Durch den Einschlag wurde der Asteroid völlig zerstört, was zu einer riesigen Staubwolke führte. Das dortige Waldgebiet wurde völlig vernichtet und es blieben nur verkohlte Baumstämme übrig. Zu einem Großbrand kam es nicht, weil die Druckwelle der Ex-

kreis von 800 Kilometern noch zu hören. Neueste Berechnungen legen die Vermutung nahe, daß es sich um einen etwa 60 Meter durchmessenden Steinasteroiden gehandelt hat, der mit 15 km/s in die Erdatmosphäre eintrat. Innerhalb weniger Sekunden erreichte der Asteroid die dichteren Schichten der Atmosphäre, wo er schlagartig – wie bei einem Aufprall auf ein festes Hindernis – abgebremst wurde und eine gewaltige Explosion folgte. Die freigesetzte Energie wird auf 10 bis 15 Megatonnen TNT geschätzt, was etwa 1.000 Hiroshima-Atombomben entspricht.

Der Asteroid wurde vollständig in kleinste Fragmente zerrissen, was der Grund für den fehlenden Krater ist. Stattdessen erreichte kurz später die Druckwelle den Erdboden und verwüstete eine etwa 2.200 Quadratkilometer große Region. Diese Fläche entspricht mehr als der doppelten Ausdehnung Berlins oder fast der Fläche des Saarlandes. Der gesamte Wald wurde vom Zentrum der Explosion nach außen hin umgeknickt. Weiter im Zentrum waren die Baumreste verkohlt. Direkt unter dem Explosionspunkt fand man noch stehende Bäume ohne Blätter und Äste – man nannte sie den »Telegrafenstangenwald«. An dieser Stelle wirkte die Kraft der Explosion von oben auf die Bäume, welche so dem Druck standhalten konnten und nicht seitlich kippten. Weil sich die Vegetation wegen des dort herrschenden Klimas nur sehr langsam erholte, waren diese Folgen noch viele Jahrzehnte nach der Explosion sichtbar und sogar heute – über 90 Jahre danach – kann man noch einige damals entwurzelte Baumstämme finden.

Das Einschlagsgebiet war damals fast unbewohnt, so daß nur von zwei Toten berichtet wird, die bei der Explosion weggeschleudert wurden und an den Verletzungen und dem Schock starben. Einige Rentierherden mit mehreren hundert

Der Einschlag eines nur 60 m großen Stein-Asteroiden hat am 30. Juni 1908 in der sibirischen Region Tunguska ein Gebiet von der doppelten Fläche Berlins zerstört. Die Druckwelle des explodierenden Asteroiden knickte dort alle Bäume um. Das Bild entstand während einer Tunguska-Expedition von L. A. Kulik 19 Jahre nach dem Einschlag.

plosion alle durch den Explosionsblitz entzünde-
ten Brände wieder ausblies. Der Staub wurde
hoch in die Atmosphäre geschleudert und es kam
in manchen Gegenden in Sibirien zu schwarzem
Regen. Die Staubwolke verteilte sich über die
nördliche Erdhalbkugel. Aus England wurde berichtet, daß es in den Nächten nach dem Einschlag möglich war, auf der Straße Zeitung zu le-
sen. Die Erklärung dieses Phänomens könnte
sein, daß das Sonnenlicht durch die Staubschicht
reflektiert wurde, denn im Juni steht die Sonne
als Mitternachtssonne über den Regionen des
nördlichen Polarkreises und die schwachen
Lichtstrahlen hätten England erreichen können.
Es gibt aber auch Gegenstimmen zu dieser Beobachtung, die von einem ersten Auftreten dieser
Nachtwolken eine Woche vor dem Tunguska-
Einschlag berichten und somit einen Zusammenhang ausschließen.
Doch wie hat die Bevölkerung – die Tungusen –
den Einschlag verarbeitet und überliefert? Als
ich im Herbst 1997 mit der Bahn zu einer Raum-
fahrt-Tagung nach Mittweida in Sachsen fuhr,
kam ich mit zwei Männern aus Krasnojarsk in Sibirien ins Gespräch. Auf meine Frage hin, ob sie
je von dem Tunguska-Einschlag gehört hätten,
sagten sie, daß sie selbstverständlich davon wissen. Die Menschen in Sibirien hätten das Ereignis nicht vergessen und die alten Leute würden
den Kindern davon erzählen. Auch würde im
Fernsehen des öfteren darüber berichtet.
Die Deutung des Ereignisses durch die Tungusen
ist von besonderem Interesse für die Wissenschaft, da man so eine Beschreibung eines nach-
gewiesenen Impaktes aus der Sicht der Urbevöl-
kerung erhält. Die Augenzeugen des Tunguska-
Ereignisses hatten damals kein Wissen über
NEOs und Einschläge und sie suchten die Ursache für diese gewaltige Explosion in ihrer Götter-
welt. Die Analyse dieser Deutung kann helfen,
frühere Beschreibungen auch aus anderen Regionen der Welt zu verstehen. Vielleicht kommen
wir so eines Tages Berichten von früheren Einschlägen auf die Spur...

Einschläge in Südamerika

Im Jahre 1931 veröffentlichte der berühmte Tunguska-Erforscher Leonid Kulik einen Artikel in
der sowjetischen Zeitschrift »Priroda i Ljudi«
(Natur und Menschen), welcher den Titel trug
»Der brasilianische Zwilling des Tunguska Meteoriten«. Er hatte seine Informationen aus verschiedenen europäischen Zeitungen, so aus dem
»Daily Herald« vom 6. März 1931. Diese Zeitungsartikel berichteten folgendes: bei Sonnen-
aufgang des 13. August 1930 wurde am Fluß Cu-
ruçá, etwa 25 Kilometer von der Stadt Argemiro
in Brasilien entfernt, nahe der Grenze zu Peru,
beobachtet, wie sich die Sonne plötzlich blutrot
verfärbte und es dunkler wurde. Feiner roter
Staub fiel vom Himmel auf den Urwald und den
Fluß nieder. Mehrere ohrenbetäubende pfeifen-
de Geräusche zerrissen die morgendliche Stille,
wurden lauter und lauter und klangen schließlich
wie Kanonendonner. Kinder liefen schreiend
herum und die Männer und Frauen ließen vor
Entsetzen ihr Werkzeug liegen. Manche fielen
auf ihre Knie, um zu Gott zu beten, da sie mein-
ten, der Weltuntergang habe begonnen. Nur die
Fischer in der Mitte des Flusses hatten eine gute
Sicht auf den Himmel: mehrere große Feuerkugeln stürzten auf den Urwald zu und erschütter-
ten ihn in drei heftigen Explosionen, jede einem
Erdbeben gleich.
Noch in den 150 Kilometer entfernten Orten
Atalaia do Norte und Esperança wurden diese
Explosionen gehört. Dort vermutete man aber
Versuche mit neuen Kanonen im nahegelegenen
Tabatinga. Im Umkreis der Einschlagsstelle hielt
der leichte Aschenregen noch bis Mittags an. Wir
hätten sicher nichts darüber erfahren, wenn
nicht der katholische Missionar Pater Fedele
d'Alviano fünf Tage später eine Reise in diese
Gegend unternommen hätte. Der 45-jährige Ka-
puzinermönch befragte hunderte Zeugen dieses
ungewöhnlichen Ereignisses. Als er nach Sao
Paulo de Olivença im Staat Amazonas zurück-
kehrte berichtete er der vatikanischen Nachrich-
tenagentur Fides darüber und schrieb in der Zeitung des Vatikan »L'Osservatore Romano« einen
Bericht, der am 1. März 1931 erschien und von
anderen Zeitungen verbreitet wurde.
Doch die Wissenschaft wurde erst in den letzten
Jahren darauf aufmerksam, als man die Gefahr
von Asteroiden- und Kometeneinschlägen erkannte. Es gibt noch einige Unklarheiten in diesen Berichten, so ist es ungewöhnlich, daß Meteoritenfälle mit Sonnenverdunklungen und dem
Herabrieseln von Staub verbunden sind. Eine
Erklärung könnte sein – wenn man die Berichte
als korrekt annimmt – daß die Objekte von einem
aufgelösten Kometen stammen. Kometen bilden

in Sonnennähe einen Schweif, so wie der Komet
Hale-Bopp 1997, und verteilen somit auch Staub
und größere Bruchstücke entlang ihrer Bahn.
Durchläuft die Erde nun diese Bahn, auch wenn
der Komet sich in großer Entfernung befindet
oder nicht mehr existiert, so entstehen Meteorschauer (Sternschnuppenschauer), wie beispielsweise die Leoniden. Das Curuçá-Ereignis vom
13. August 1930 fällt mit dem Meteorschauer der
Perseiden zusammen. Die Perseiden entstanden
durch eine teilweise Auflösung des Kometen
Swift-Tuttle bei seinen Annäherungen an die
Sonne. Dies könnte die beobachtete Färbung
und Verdunklung der Sonne durch einen sehr
dichten Staubgürtel entlang der ursprünglichen
Kometenbahn erklären. Der Staubfall im brasilianischen Urwald ist vermutlich durch eine große Zahl in der Atmosphäre zerborstener Meteoroiden verursacht worden.
Eine Untersuchung dieses Ereignisses ist von
dem Brasilianischen Wissenschaftler Dr. Jorge
Ramiro De La Reza und anderen begonnen worden. So wurden Aufzeichnungen einer Erdbe-
benmeßstation im 1300 km von der Einschlagstelle entfernten La Paz gefunden, die mit dem
Einschlag übereinstimmen. In dem Einschlagsgebiet hat man auf Fotografien des Erdbeobachtungssatelliten LANDSAT, auf Radarbildern anderer Satelliten und auf Flugzeugaufnahmen ein
Gebilde entdeckt, das einem Krater ähnlich
sieht. Man ist sich aber noch nicht sicher, ob es
sich um einen Impaktkrater handelt, ob dieser
Krater damals entstanden ist oder ob er ein höhe-
res Alter hat. Eine Suche nach Spuren vor Ort im
brasilianischen Urwald ist auch noch in unserer
Zeit eine schwere und gefährliche Aufgabe. Wie
mir Dr. De La Reza mitteilte, gab es unter seiner
Leitung 1997 eine Expedition in diese Region,
die 21 Tage dauerte. Die Expedition wurde von
zwei Fernsehteams (Globo aus Brasilien und
ABC aus Australien) begleitet. Es gab in der
Nähe keinen Hubschrauber-Landeplatz und so
reiste man 5 Tage lang mit Booten über die Flüsse
und zu Fuß durch den Dschungel. Die Expedition erreichte schließlich den 1 km großen Krater
mit Zentralberg, den De La Reza auf Satellitenfo-
tos entdeckte. Es wurden keine Meteoriten gefunden, was De La Reza als Stützung seiner These von einem Einschlag eines Bruchstück des Kometen Swift-Tuttle ansieht. Der Urwald hat sich
komplett von dem Einschlag erholt, der Krater

ist überwuchert und nur durch seinen mehrere
Meter hohen, kreisförmigen Kraterrand zu erkennen.
Ein ähnliches Ereignis fand fünf Jahre später
ebenfalls in Südamerika statt. Am 11. Dezember
1935 gegen 21 Uhr Ortszeit erschütterte eine Explosion die Rupununi Region in British Guyana.
Auch dieses Ereignis paßt mit einem Meteorschauer, nämlich den Geminiden, zusammen.
Serge A. Korff von der Bartol Research Foundation des Franklin Institutes in Delaware, USA,
schrieb einen Bericht über seinen Besuch in der
Region einige Monate nach der Explosion. Er
gab die genaue Position des Einschlagspunktes
mit 2 Grad 10 Minuten Nord und 59 Grad
10 Minuten West an, nahe dem Berg Marudi.
Korff's Beschreibung kam zu dem Schluß, daß
die Schäden des Einschlags in British Guyana sogar den Tunguska-Einschlag übertroffen haben.
Er informierte William H. Holden, der 1937 mit
der Terry-Holden Expedition des American Museum of Natural History die Region besuchte.
Die Gruppe bestieg den Berg Marudi und stellte
fest, daß auf einer einige Kilometer großen Fläche die Bäume in 7 bis 8 Meter Höhe abgebro-
chen waren, aber nach zwei Jahren hatte die Vegetation vieles überwachsen und eine genaue
Vermessung des Gebietes war schwierig. Holden
war überzeugt, daß die Ursache eine Explosion
eines kosmischen Objektes in der Atmosphäre
war.
Ein schottischer Goldsucher namens Godfrey
Davidson berichtete Korff, daß er damals von
der Explosion geweckt wurde und eine leuchten-
de Spur am Himmel beobachtete. Einige Zeit
später, als Davidson die Gegend auf der Suche
nach Schürfplätzen durchstreifte, betrat er die
verwüstete Einschlagstelle. Er schätzte die Abmessungen des zerstörten Gebietes auf etwa 8
mal 16 Kilometer. Ein weiterer Forscher, der Autor Desmond Holdridge besuchte die Region in
den späten 30er Jahren und befragte zahlreiche
Augenzeugen. Diese berichteten ihm, daß ein
großes Objekt den Himmel durchquerte und einen ungeheuren Lärm verursachte. Außerdem
wurde der Nachthimmel taghell erleuchtet. Der
dort ansässige Flugzeugbesitzer Art Williams berichtete, er habe ein etwa 30 Kilometer großes
Gebiet gesehen, in welchem die Bäume zerstört
waren. Er gab an, daß die Form eher länglich als
kreisförmig war, was mit der Aussage Godfrey

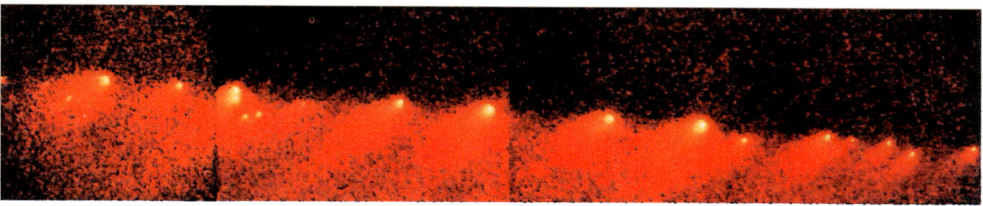

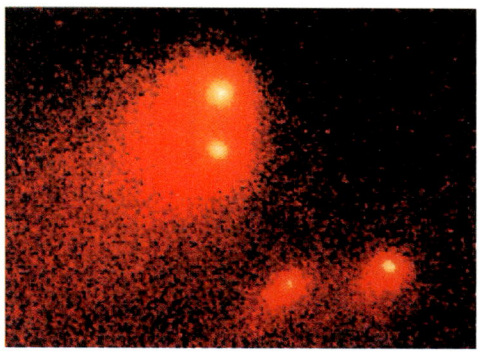

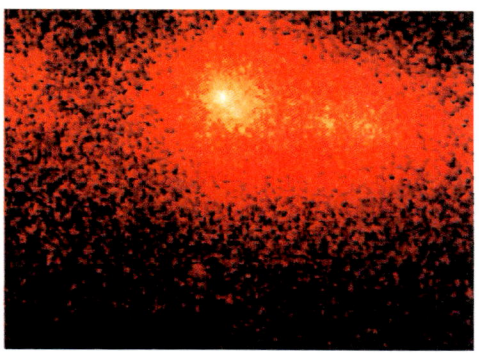

Davidsons übereinstimmt. Dies läßt, wie auch beim Tunguska-Einschlag, auf eine geneigte Bahn des NEOs in der Atmosphäre schließen.

Es ist bis heute unsicher, ob diese beiden Ereignisse in Südamerika Einschläge von NEOs waren. Bis jetzt fehlen die eindeutigen Beweise dafür. Der Nachweis eines solchen kleinen Asteroiden- oder Kometeneinschlages ist aber schwierig, da oftmals kein Impaktkrater zurückbleibt und je nach Klimazone die angerichteten Schäden nach kurzer Zeit durch die sich regenerierende Vegetation verschwunden sind. Auch kleine Einschläge im Meer bleiben ohne Spuren und in den Wüsten der Erde hat man bisher nur wenige Krater gefunden. Doch auch hier hilft die Raumfahrt: es wurden bisher einige Krater auf Satellitenaufnahmen entdeckt. Die Krater könnten dann später vor Ort untersucht und als Einschlagskrater identifiziert werden.

Die größte Explosion im Sonnensystem – Shoemaker-Levy-9

Der amerikanische Wissenschaftler und Kraterexperte Eugen Shoemaker, seine Frau Carolyn und ihr Kollege David Levy suchten in der Nacht des 23. März 1993, wie so oft zuvor, mit einem kleinen Teleskop des Mount Palomar Observatoriums in Kalifornien den Nachthimmel nach Asteroiden und Kometen ab. Doch bei der Auswertung der Photoplatten fand Carolyn Shoema-

Der Komet Shoemaker-Levy-9 flog am Planeten Jupiter in so geringer Entfernung vorbei, daß er durch seine Gezeitenkräfte in über 20 Bruchstücke zerrissen wurde. Auch änderte sich die Bahn des Kometen und er stürzte schließlich mit 60 km/s auf den Jupiter. Die beiden unteren Bilder zeigen Ausschnittsvergrößerungen.

ker ein sonderbares Objekt: einen länglichen verwaschenen Fleck. Ein runder verwaschener Fleck ist das Erscheinungsbild eines Kometen, der sich noch soweit von der Sonne entfernt aufhält, so daß er zwar bereits eine Gaswolke von verdampftem Eis um sich herum bildet, dies aber noch nicht für einen eindrucksvollen Schweif reicht. Aber ein länglicher Fleck war ihnen noch nicht begegnet.

Weil sie wegen schlechten Wetters nicht weiter beobachten konnten, riefen sie ihren Freund Jim Scotti in Tucson an und baten ihn, weitere Beobachtungen durchzuführen. Als sie ihn nach einiger Zeit erneut anriefen, hatte er bereits das Objekt beobachtet und brachte kaum einen Satz heraus. Er teilte ihnen mit, das Objekt sehe aus, wie ein Komet mit mehreren Kometenkernen, jeder mit einem eigenen Schweif. Sie teilten ihre Entdeckung der Internationalen Astronomischen Union mit und der Komet wurde nach seinen Entdeckern »Shoemaker-Levy-9« genannt, es war der neunte Komet, den sie gemeinsam gefunden hatten. Im Laufe der nächsten Wochen

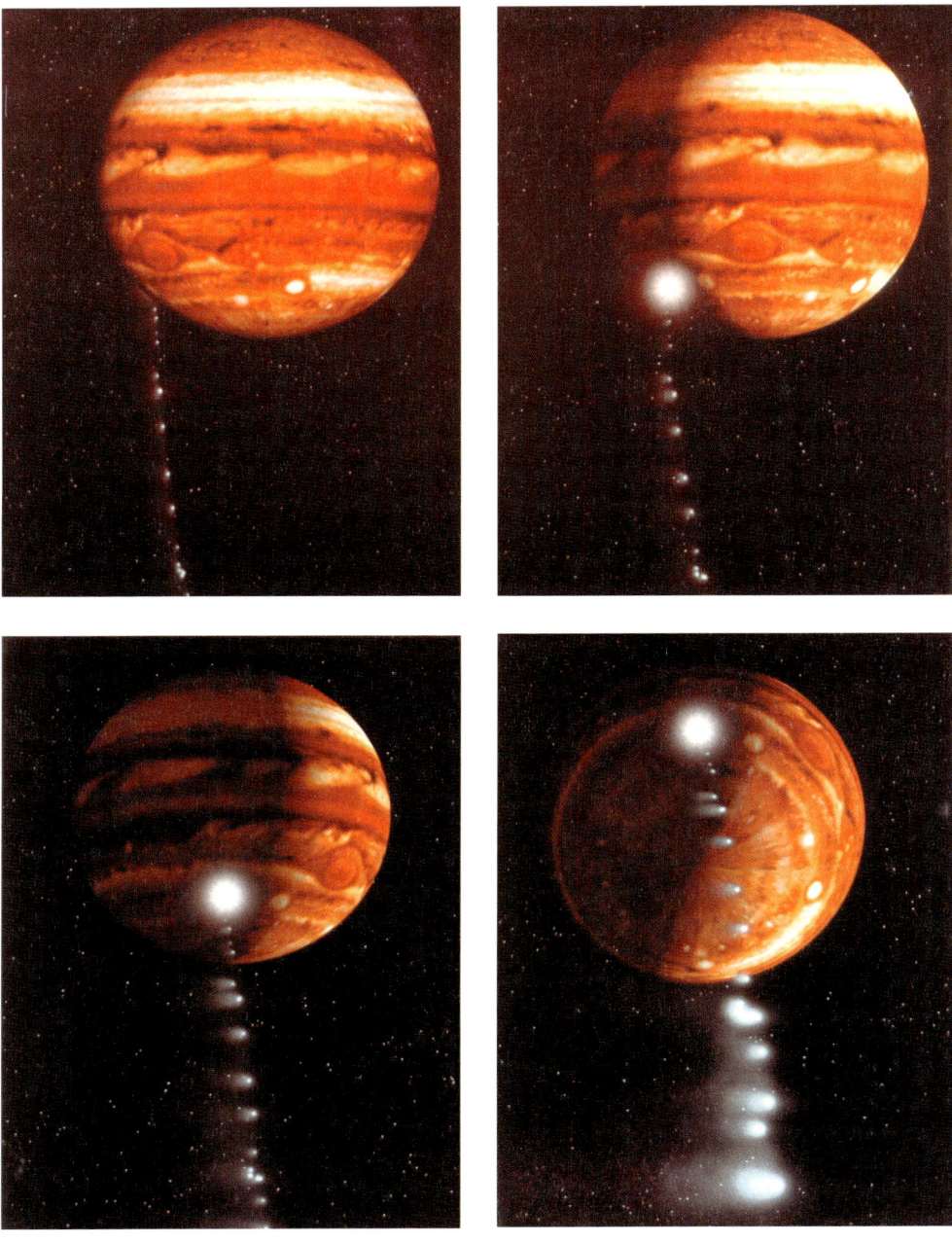

stellte sich heraus, daß der etwa 3 bis 5 km große Komet im Juli 1992 dem Planeten Jupiter sehr nahe gekommen war und durch die Gezeitenkräfte des größten Planeten im Sonnensystem in viele Bruchstücke auseinander gerissen wurde. Jedes dieser dicht beieinander fliegenden Bruchstücke war nun ein eigener Komet geworden.

Vier Ansichtszeichnungen des Kometen Shoemaker-Levy-9 im Anflug auf den Jupiter. Links oben: die Ansicht von der Erde. Rechts oben: Blick von der Seite auf das im Schatten liegende Einschlagsgebiet. Links unten: eine weitere Seitenansicht. Rechts unten: Blick auf den Jupiter-Südpol.

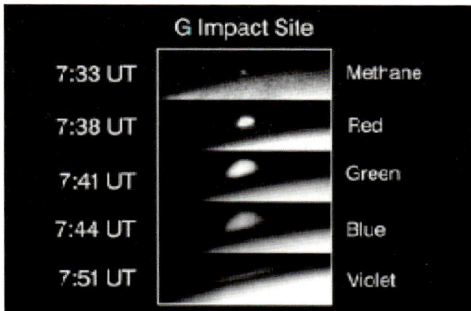

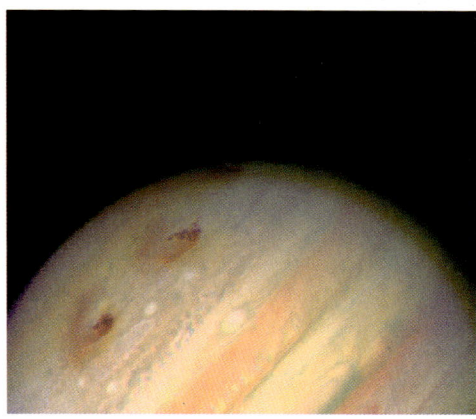

Der Einschlag des Kometen Shoemaker-Levy-9 auf dem Jupiter wurde auch vom Hubble Space Telescope beobachtet. Diese Aufnahme zeigt die Explosionswolke nach dem Einschlag des Fragmentes G über 18 Minuten hinweg in mehreren Wellenlängenbereichen.
Die Abmessungen der Explosionswolke der größten Fragmente entsprach der Größe der Erde.

Die Einschläge der Kometenfragmente ließen auf der Jupiteratmosphäre Staubwolken zurück, die über Wochen hin sichtbar waren.

Doch die Sensation war: der Komet hatte durch den nahen Vorbeiflug auch seine Bahn geändert und würde im Juli 1994 auf den Jupiter stürzen. Der vorausberechnete Einschlagszeipunkt rückte immer näher und es zeigte sich immer deutlicher, daß die Bruchstücke sich sehr langsam voneinander entfernten und so eines nach dem anderen mit Jupiter kollidieren würden.

Zwischen dem 16. und dem 22. Juli 1994 fanden auf dem Jupiter die gewaltigsten Explosionen statt, die man bisher im Sonnensystem beobachtete. Alle wichtigen Teleskope auf der Erde und im Weltraum waren damals auf Jupiter gerichtet. Die größten Bruchstücke hatten einen Durchmesser von 1 bis 2 km und setzten bei einer Auftreffgeschwindigkeit von 60 km/s zusammen eine Energiemenge von etwa 300.000 Mt TNT frei, vergleichbar mit etwa 23 Millionen Hiroshima-Atombomben.

Der mehrere tausend Grad heiße Feuerball der größeren Bruchstücke hatte die Größe unserer Erde. Der im Kometen enthaltene Staub verdampfte wie das Kometeneis bei der Explosion und verteilte sich als verwaschener, fast runder Fleck in der Jupiteratmosphäre um die Einschlagstelle herum. Die größten Flecken waren noch viele Monate später von der Erde aus zu erkennen.

Dieser Einschlag auf dem Jupiter zeigte uns eindrücklich, daß Einschlagskatastrophen keine Phantasieprodukte sondern Realität sind. Solche riesigen Einschläge können jederzeit auch auf der Erde vorkommen.

Einschläge in historischer Zeit

Berichte über Meteoritenfälle finden wir von Zeit zu Zeit in der Zeitung: ein Stein- oder Eisenbrokken von einigen 100 Gramm ist in einen Garten gefallen, schlug gegen einen Baum und wurde deswegen überhaupt erst bemerkt. Es werden manchmal auch Häuser und Autos getroffen, was nicht sehr unwahrscheinlich ist, denn in ihrer Gesamtzahl bedecken sie doch eine relativ große Fläche. Falls Sie einmal einen »Meteoritenschaden« an ihrem Eigentum erleiden, seien Sie unbesorgt! Es gibt viele Museen und Sammler, die ihnen für den Meteoriten und das durchlöcherte Auto solche Preise bieten, daß Sie wünschen würden, der nächste Meteorit solle gleich noch einmal ihren Wagen treffen...

Aber es gibt auch Meteoritenfälle, bei denen Menschen zu Tode kamen. Diese Tatsache wird oft ignoriert. In der Presse wird oft fälschlicherweise geschrieben (und immer wieder abgeschrieben), daß noch niemand von einem Meteoriten erschlagen wurde, was in der folgenden Tabelle mit einigen Beispielen widerlegt wird. Man kann sich leicht vorstellen, daß ein mehrere Kilogramm schwerer Stein mit 200 bis 300 km/h oder mehr Aufprallgeschwindigkeit durchaus tödliche Verletzungen hervorrufen kann. Die nachfolgenden Berichte über tödliche Zwischenfälle sind durchaus glaubwürdig, zumal es sich bei einigen um die offizielle kaiserliche Geschichtsschreibung aus China handelt. Eine Untersuchung dieser kaiserlichen Geschichtsschreibung wurde 1994 von den US-Wissenschaftlern Kevin

Yau, Paul Weissman und Donald Yeomans in der renomierten Fachzeitschrift »Meteoritics & Planetary Sciences« veröffentlicht. Ziel war es, die Statistik um frühe Berichte von Meteoritenfällen zu erweitern. Man fand unter anderem den erstaunlichen Bericht über einen Meteoritenregen im Jahre 1490, durch welchen zehntausend Menschen erschlagen worden sein sollen. Ob die Anzahl der Todesopfer korrekt wiedergegeben wurde, ist zu bezweifeln. Aber auch wenn »nur« einige 100 oder 1.000 Opfer zu beklagen waren, ist dieses Ereignis nicht nur bemerkenswert, sondern unter allen hier zusammengetragenen Überlieferungen einzigartig. Es sind auch Berichte ähnlicher Ereignisse aufgeführt, die von Ernst Florens Friedrich Chladni, Francois Aragot, Otto Buchner und John S. Lewis erwähnt wurden.

Die Chance, von einem einzelnen Meteoriten getroffen zu werden ist relativ gering. Nimmt man für jeden der 6 Milliarden Menschen auf der Erde eine Fläche von 0,3 Quadratmetern an (die meisten Meteoriten fallen schräg) und berücksichtigt die mittleren Häufigkeiten für Meteoritenfälle (aus Meteorbeobachtungen), so kann man von einen Treffer alle 12 Jahre ausgehen. Dies ist aber, wie die Einschlagshäufigkeit großer NEOs, ein rein statistischer Wert, der starken Schwankungen unterworfen ist. Der letzte mir bekannte Fall von vor einigen Jahren ging für einen kleinen Jungen aus Afrika zum Glück glimpflich aus. Er wurde von einem nur wenige Zentimeter großen Meteoriten am Kopf getroffen und kam mit dem Schrecken davon, weil der Meteorit zuvor gegen einen Baum geprallt war und stark abgebremst herabfiel.

Eine Erklärung für die mehrfach genannten »Steinregen« liegt auf der Hand, auch in unserer Zeit gab es einige Meteoritenregen mit hunderten oder tausenden von Meteoriten, die über einige quadratkilometergroße Flächen niedergingen. Diese Ereignisse treten dann auf, wenn ein Körper von mindestens einigen Tonnen Gewicht unter flachem Winkel in die Atmosphäre eintritt, dadurch langsam abgebremst wird und erst einige Kilometer über dem Erdboden explodiert. Obwohl alle Bruchstücke durch den Luftwiderstand gebremst werden, folgen die größeren Teile (einige 100 oder 1.000 kg) noch eher der ursprünglichen Bahn, während kleinere Stücke stärker gebremst werden und früher herabfallen.

Dadurch entsteht eine sogenannte Streuellipse am Boden, an derem einen Ende wenige große Meteorite zu finden sind und die Meteorite immer kleiner und zahlreicher werden, je mehr man sich dem anderen Ende nähert. Diese Meteoriten können einige Kilogramm wiegen und erreichen den Erdboden im freien Fall, also mit etwa 200 oder 300 Stundenkilometern – mehr als genug, um Menschen, wie in den Beispielen beschrieben, zu erschlagen.

Am 30. Januar 1868 fielen abends um 7 Uhr in der Nähe der Stadt Pultusk in Polen (etwa 50 km nördlich von Warschau) über 70.000 Stein-Eisen-Meteorite nieder. Die Einwohner berichteten von einer Feuerkugel, die sich aus süd-westlicher Richtung näherte und so hell strahlte, daß man geblendet wurde. Es gab einen gewaltigen Detonationsknall, der mit Kanonenschüssen, Paukenschlägen und auch pfeifenden Geräuschen beschrieben wurde. Am nächsten Morgen konnten wegen des Schnees und des Eises diese vielen schwarzen Meteoriten leicht gefunden werden. Das größte gefundene Stück wog 9 kg und die kleinsten noch gefundenen Meteorite waren 0,5 mm im Durchmesser. Die gesamte Masse aller Bruchstücke ergab ungefähr 2 Tonnen. Betrachtet man die Zahl der gefundenen Exemplare, so ist dies der größte bisher bekannte Meteoritenschauer.

Am 12. Februar 1947 explodierte über einer Berggegend bei Sikhote-Alin in Rußland, etwa 375 km von Wladiwostok entfernt, ein Eisen-Nickel-Asteroid von etwa 70 Tonnen. Auch hier bildeten die gefundenen Meteoriten eine Streuellipse, allerdings waren die Bruchstücke größer und schwerer als in Pultusk, so daß 158 Krater entstanden. Der größte Krater maß über 25 Meter im Durchmesser, die meisten jedoch nur wenige Meter und darunter. Insgesamt wurden nur 23 Tonnen des Meteoriten gefunden.

Glück hatten die Einwohner der Stadt Jilin in China, als am 8. März 1976 ein Meteoritenschauer die Stadt nur um 10 Kilometer verfehlte. Die Streuellipse hatte eine Länge von 65 km und eine Breite von 10 km. Das größte Stück des Steinmeteoriten hatte knapp einen Meter Durchmesser und wog 1.170 kg. Man fand auch ein Stück von 400 kg, eines von 123 kg und 36 Meteoriten zwischen einem und 100 kg. Man kann sich leicht vorstellen, zu welchen Schäden diese Meteoriten in der Stadt hätten führen können.

Datum	Beschreibung
Um 1420 v. Chr.	Josua 10.11: »Und als sie vor Israel flohen den Weg hinab nach Bet-Horon, ließ der Herr große Steine vom Himmel auf sie fallen bis Aseka, daß sie starben. Und von ihnen starben viel mehr durch die Hagelsteine, als die Israeliten mit dem Schwert töteten.«
Um 570 n. Chr.	Im Koran wird berichtet: »In dem Gefechte bei Beder habt ihr nicht die Feinde getötet, sondern Gott hat sie getötet, der Steine auf sie fallen ließ.« Es ist von einem Schwarm Schwalben die Rede, die glühende Steine auf die Feinde geworfen haben sollen, wodurch alles verbrannte. Dies wird von Chladni als möglicher Meteoritenregen gedeutet. Die Zahl der in der Schlacht getöteten Feinde wird mit etwa 70 angegeben.
14. Januar 616	Mehr als 10 Menschen werden von „einem großen Meteor« erschlagen, als dieser einen Belagerungsturm im Lager des Rebellen Lu Ming-yueh in China traf.
Im Jahre 823	Dr. Otto Buchner berichtet 1859, in Sachsen sollen »Menschen und Vieh von niederfallenden Steinen erschlagen und 35 Dörfer vom Feuer verzehrt worden sein«. Das damalige Sachsen befand sich etwa an der Stelle des heutigen Bundeslandes Niedersachsen.
Zwischen 24. Juli und 21. August 1021	In Afrika sollen Menschen durch herabfallende Steine getötet worden sein. Im Bericht des Ebn Al Athir wird gesagt, »man habe eine mit Blitz und Donner geladene Wolke sich bilden sehen, aus der viele Steine herabgefallen sind, welche alle, die sie erreichten, getötet habe.«
Um 1341	Es regnete Eisen in der Provinz Yunnan, China. Die meisten Menschen und Tiere, die getroffen wurden starben.
Im Jahre 1368	Aus dem Oldenburgischen ist überliefert, daß eine »in der Luft erschienene eiserne Keule, 200 Pfund schwer« Feinde getötet haben soll. Diese Beschreibung könnte auf einen Eisenmeteoriten hindeuten, ist aber unsicher.
Februar/März 1490	Steine fielen wie Regen. Sie erschlugen mehr als 10.000 Menschen im Ch'ing-yang Distrikt der Shansi Provinz, China. Die Steine hatten ein Gewicht von ein bis anderthalb Kilogramm.
4. oder 14. September 1510 oder 1511	Ein Mönch und mehrere Tiere (Schafe, Vögel und Fische) wurden bei Cremona in der Lombardei, Italien getötet. Etwa 1.200 Steine von bis zu 50 kg Gewicht fielen nahe bei dem Fluß Adda. Der Mönch wurde am Bein schwer verletzt und starb an den Folgen.
9. Januar 1572	Chladni erwähnt 1819 einen Bericht über die Stadt Thorn (heute Torun in Polen), wo folgendes geschehen sein soll: nach einem Hochwasser »hat es 10-pfündige Steine gehagelt, die viele Leute zu Tode geschlagen [haben], und ein Feuerstrahl hat der Stadt Kornhaus verbrennet.«
zwischen 1633 1660	Ein Franziskanermönch des Klosters »Santa Maria della Pace« in Mailand, Italien, starb, und nachdem er von einem Meteoriten im Brustbereich getroffen und schwer verletzt wurde. Der Stein wog nur 1/4 Unze und war 1/2 Zoll im Durchmesser.
Im Jahre 1639	Ein großer Stein fiel auf einen Marktplatz im Kreis Ch'ang-shou, China. Dabei starben einige Dutzend Menschen und einige Häuser wurden zerstört.
1648 oder 1674	Zwei Seeleute wurden von einem 8 Pfund schweren Meteoriten getötet, der das Schiff Malacca traf, das von Holland nach Batavia segelte und sich im Ost-Indischen Meer befand.
24. Juli 1790	Ein Meteorit zerschmetterte eine Hütte und tötete einen Bauern und einige Tiere bei Barbotan in der Gascogne, Frankreich.
16. Januar 1825	Bei einem Meteoritenfall in Oriang, Malwate, Indien, wurde ein Mann getötet und eine Frau verletzt.
30. Juni 1874	Während eines Gewitters fiel ein großer Stein vom Himmel in Chin-kuei Shan, China. Er zerstörte eine Hütte und tötete ein darin befindliches Kind.
31. Januar 1879	Es wird vom einem Bauern in Dun-le-Poelier, Indre, Frankreich, berichtet, der von einem Meteoriten tödlich getroffen wurde.
5. Sept. 1907	Ein Stein fiel und erschlug eine ganze Familie in Hsin-p'ai Wei, China.
30. Juni 1908,	Zwei Männer starben an ihren Verletzungen, die sie durch das Tunguska-Ereignis erlitten hatten. Es wurden auch hunderte von Rentieren getötet.
8. Dezember 1929	Bei einer Hochzeitsfeier in Zvezvan, Jugoslawien, wurde eine Person von einem Meteoriten erschlagen.

Tabelle: Beispiele für Todesopfer durch Meteoritenfälle

Früher wurde der Begriff »Hagelsteine« oft auch für Meteorite verwendet – man versuchte das Unerklärliche mit bekanntem zu beschreiben, um es zu verstehen. Allerdings läßt sich dadurch nicht immer zweifelsfrei klären, ob nun ein Hagelschauer oder ein Meteoritenschauer stattfand. Manchmal dichtete man der Beschreibung eines Meteoritenfalles hinzu, daß ein Stein während eines Gewitters vom Himmel fiel, was die für die damalige Zeit begreifbare Deutung zuließ, daß der Stein durch den Wind vom Boden hochgeschleudert worden sei. Als Erklärungsversuch wurden Meteoriten auch als Vulkangesteine gedeutet, die über eine weite Strecke fortgeschleudert wurden. Man ließ aber außer Acht, daß sich meist keine Vulkane in Reichweite befanden und die Steine keineswegs vulkanischem Gestein ähnlich sahen.

Der italienische Astronom Roberto Gorelli gab 1997 in einem Artikel im Journal der International Meteor Organization (IMO), deren Zentrale sich in Potsdam befindet, einige Beispiele von möglichen Einschlagereignissen an, die in der folgenden Tabelle zusammengefaßt sind. Er forderte dazu auf, weitere Berichte über ähnliche Ereignisse zu suchen und zu sammeln, um diese Ereignisse weiter untersuchen zu können.

Die folgenden Beispiele zeigen das grundlegende Problem alter Berichte und mündlicher Überlieferungen auf: es sind zu wenig und zu ungenaue Informationen aus früherer Zeit überliefert, um eine eindeutige Aussage über das, was wirklich geschah, treffen zu können. Außerdem waren bisher die wenigsten Geschichtswissenschaftler an einer Untersuchung solcher Details interessiert, was sich mit dem heutigen Wissen um Einschlagereignisse wandeln wird. Es gibt sicher noch unzählige Berichte dieser Art, welche genauer untersucht werden sollten. Vielleicht finden sich doch in dem einen oder anderen Fall eindeutige Beweise für einen Einschlag in früherer Zeit. Einige Beispiele solcher möglichen Meteoritenfälle oder großen Einschläge sind nachfolgend aufgeführt.

»Fewer vom Himmel«

Aus dem Jahre 1534 liegt der Bericht eines Stadtbrandes in der Opel-Stadt Rüsselsheim vor, der wegen eines kleinen, aber interessanten und vielleicht typischen Details hier berichtet werden soll. In der Schriftenreihe »Rucilin«, Heft 12, 1989, des Rüsselsheimer Heimatvereins wird der folgende Bericht genannt und als Quelle das Reformationsbuch der ev. Pfarreien des Großherzogtums Hessen zitiert. Ein gewisser Erasmus Alberus, er war von 1527 bis 1539 Pfarrer in Sprendlingen, wetterte in seinem Buch »Wider die verkehrte Lehre der Carlstadter« gegen die

Datum	Beschreibung des Ereignisses
12. Jahrhundert	Die Ureinwohner Neuseelands berichten von einer Legende, nach der durch Feuer vom Himmel riesige Brände bei Tapanui auf der Südseite der südlichen Insel Neuseelands entfacht wurden…
2. September 1311	Aus England wird von einem »Glühen« berichtet, das viele Stunden anhielt und Bäume und eine Kirche verbrannte.
1338	In einer italienischen Chronik des Mittelalters wird erzählt, daß bei Aquileia in Norditalien Feuer vom Himmel fiel und das Land verbrannte.
5. April 1800	E. Howard erwähnt 1802 ein Vorkommnis, dem zufolge in Nordamerika ein »großer Meteorit« zur Erde fiel, ein Erdbeben verursachte und einen Wald zerstörte.
9. oder 19. November 1819	Aus Kanada und den nördlichen Vereinigten Staaten wird von schwarzem Regen berichtet, der von Boliden (Feuerbällen) begleitet war, die erdbebenartige Erschütterungen hervorriefen und den Himmel verhüllten.
24. Februar 1885	Mr. Innerwich teilte dem Hydrographic Office in Washington folgende Beobachtung mit: im Pazifik bei 37 Grad Nord und 170 Grad West wurde ein rot flammender Himmel beobachtet und eine Masse, die in den Ozean fiel hob eine große Wassermasse empor.
3. Mai 1892	Aus Schweden, Norwegen, Dänemark und umgebenden Gebieten wird der Fall von geschätzten 500 Tonnen Staub berichtet.

Tabelle: Beispiele von Berichten über mögliche Meteoritenfälle (nach Gorelli)

Reformation, die auch damals in Rüsselsheim viel Zulauf fand. Er berichtete über die aus seiner Sicht unhaltbaren Zustände und schrieb folgendes nieder, wobei er von einem Stadtbrand berichtete, den er als Zeichen des Himmels deutet und der unter Umständen auf den Einschlag eines kleinen Meteoriten von wenigen Kilogramm Gewicht schließen lassen kann:

»Nicht fern von Geraw [Gerau] ligt Rüßheim [Rüsselsheim], da war ein Pfarherr, ein Trunckenboltz und Hurentreiber, der kundt nicht declienieren, und gab doch große Kunst für. Er wolt das Sacrament nicht vom Altar geben, sondern ließ ein Tisch in die Kirchen tragen. Ich wil es halten (sagt er) wie es Zwingel [der Reformator Zwingly] helt, und sprach zum Volck: Wer da wil, der mag herzu tretten, gleubet er nicht, das Christus Leib da sey, da ligt nicht viel an, es ist doch nicht mehr denn ein Zeichen. Als aber niemand herzu trat, wincket er dem Kelner oder Rentmeister (der mir diß selbst gesagt und geklagt hat), das er zu im käme. Da der Rentmeister für In komen war, fluchs war der Schwermer [Name des Pfarrers] da, und steckt Im sein schwermer Sacrament in den Mund. Der Rentmeister saget zu mir: Ich wust nicht, wie mir geschahe, so erschracke ich. Der Schwermer Pfaff ward darnach aussetzig und starb sine lux et sine crux. Bald darnach fiel Fewer vom Himmel, und verbrandt das Dorff gar, sampt der Schwermerkirchen«.

Doch was war dieses »Fewer vom Himmel«? Handelte es sich um einen simplen Blitzschlag, war es eine gewollte Übertreibung des Erasmus Alberus, um seinem Bericht gegen das reformierte Rüsselsheim einen Anstrich von »Zorn Gottes« zu geben, wobei das »Fewer vom Himmel« dem seinerzeitigen Stadtbrand hinzugedichtet wurde, oder fiel tatsächlich Feuer vom Himmel, d.h. ein Meteorit? Daß Meteoritenfälle oder gar Meteoritenregen vorkommen ist bekannt, wie in den vorangegangenen Kapiteln beschrieben. Einzeln gefallene Meteoriten sind zwar meist noch handwarm, wenn sie gefunden werden, aber es ist äußerst umstritten, ob sie heiß genug sind, um ein Feuer zu entzünden. Stellt man sich jedoch vor, daß ein Meteorit von einigen Kilogramm das Dach einer strohgedeckten Hütte trifft, es durchschlägt und vielleicht einige Teile der Holzhütte zum Einsturz bringt, so ist es einsichtig, daß dann zusammen mit einer damals typischen offenen Feuerstelle in der Hütte schnell ein Brand entstehen kann, der in kurzer Zeit auf den ganzen Ort übergreifen konnte. Die Häuser waren in dieser Zeit allgemein aus Holz in Fachwerkausführung gebaut und mit Strohdächern gedeckt. Da auch die Kirche verbrannte, ist anzunehmen, daß sie auch aus Holz bestand. Das damalige Dorf Rüsselsheim mit seinen etwa 400 Einwohnern lag unmittelbar an der Südwestseite der dortigen Festung. Auf Befehl des Landgrafen Philipp des Gutmütigen baute man Dorf und Kirche knapp 500 Meter weiter westlich wieder auf, wo sich das heutige Stadtzentrum befindet.

Einschlag auf dem Mond am 25. Juni 1178

Der Wissenschaftler Jack Hartung stellte 1976 die umstrittene Theorie auf, daß Mönche den Einschlag eines NEOs auf dem Mond beobachtet haben. Datum des Geschehens war der 18. Juni 1178 oder nach dem heute gültigen Gregorianischen Kalender der 25. Juni 1178. Hartung stützte seine Überlegungen auf den Bericht des Chronisten Gervase von Canterburry, der folgendes niederschrieb:

»In diesem Jahr [1178], am Tage des Herrn [= Sonntag] vor der Geburt [dem Geburtstagsfest] des Heiligen Johannes des Täufers, erschien nach Sonnenuntergang beim ersten Mond ein wunderbares Zeichen, während fünf oder mehr Männer [dem Mond] zugewandt saßen. Denn der Neumond war hell, nach der Regel bei Neumond streckte er die Hörner [Mondsicheln] nach Osten; und siehe, plötzlich wurde das obere Horn in zwei [Hörner] geteilt. Aus der Mitte dieser Teilung sprang eine brennende Fackel hervor, indem sie Feuer, Kohle und Funken weit hervorwarf.

Inzwischen wurde der Körper des Mondes, welcher tiefer war, gleichsam Angst erweckend, gedreht und, um die Worte derer zu benutzen, die mir dieses berichteten und mit eigenen Augen sahen, der Mond zuckte wie eine verwundete Schlange. Danach kehrte er wieder in seinen ursprünglichen Zustand zurück. Diesen Wechsel wiederholte er zwölfmal oder mehr, offenbar damit er die verschiedenartigen Martern aushält, und kehrte dann wiederum in den früheren Zustand zurück. Und daher wurde er nach diesen Wechseln von Horn zu Horn der Länge nach halbverdunkelt. Dies berichteten mir [Gervase von Canterburry] jene Männer, die dies mit eigenen Augen sahen, bereit ihr Ehrenwort zu geben oder einen Eid [zu leisten], daß sie den oben gesagten Worten nichts an Falschheit hinzufügten.«

Diese Beschreibung entspricht etwa dem, was wir erwarten würden, wenn ein mehrere 100 Meter großer NEO auf dem Mond einschlagen würde. Feurige Flammen wären zwar nicht vorhanden, weil sich das hochgeschleuderte und verdampfte Material im Vakuum des Weltalls rasch abkühlen würde. Aber diese Explosionsreste würden durch das Sonnenlicht beleuchtet werden und so wie »Feuer, Kohle und Funken« aussehen. Jack Hartung vermutet, daß damals der Krater »Giordano Bruno« entstanden ist, der sich in der Nähe der Grenze zwischen Vorder- und Rückseite des Mondes befindet. Die Position ist 36 Grad Nord und 103 Grad Ost. Er berechnete die Größe des Objektes auf 550 Meter, wobei er eine für Kometen typische Dichte des Objektes von 1,0 g/cm² und eine Geschwindigkeit beim Einschlag von 28 km/s zugrunde legte. Der Krater »Giordano Bruno« konnte bisher nur fotografisch untersucht werden und stellt sich als relativ junger Krater dar, weil das ausgeworfene Material um ihn herum noch sehr hell ist. Mit zunehmendem Alter wird es sich dunkler färben, aber eine direkte Alterbestimmung über die Helligkeit ist nicht möglich, da sich diese Farbänderungen über sehr lange Zeiträume hinziehen.

Hartung vermutet weiter, daß dieses Objekt zu einer ganzen Familie von Meteoroiden, den Beta-Tauriden, gehört, die sich auf fast identischen Bahnen um die Sonne bewegen. Sie sollen von dem Kometen Encke stammen, der sich auf einer ähnlichen Bahn bewegt. Auch das Tunguska-Objekt wird mit den Beta-Tauriden in Verbindung gebracht. Die Beta-Tauriden kommen jedes Jahr gegen Ende Juni der Erde nahe und über 14 Tage hinweg sind gehäuft Sternschnuppen zu beobachten. Dennoch ist seine Theorie sehr umstritten und es gibt auch einige wissenschaftliche Arbeiten, die dagegen sprechen.

Die Sintflut und andere Spekulationen

Kometenangst

Kometen sind durch ihren Schweif auffällige Objekte am Himmel und werden von Menschen seit jeher beobachtet. Da sie ohne Vorankündigung auftreten und relativ schnell (von Nacht zu Nacht) ihre Position ändern, wurden sie als Störenfriede der himmlischen Ordnung angesehen. Man schrieb ihnen direkte Auswirkungen auf das alltägliche Leben zu und sah in ihnen Zeichen kommenden Unheils. Es entstand der Kometenaberglauben. Man interpretierte diese, die himmlische Ordnung störenden Vagabunden, als Zeichen kommender Veränderungen auf der Erde, man schrieb ihnen einfach alles zu: sterbende Herrscher, Hungersnöte, die Pest und Kriege. Einige Fanatiker sahen in ihnen Zeichen des sich nähernden Weltuntergangs, der bisher aber jedesmal ausblieb...

Nigel Calder traf in seinem Buch »Das Geheimnis der Kometen« mit folgenden Sätzen den Nagel auf den Kopf, indem er über den Kometenaberglauben im Mittelalter schrieb:

»Zahlreiche Leute ohne irgendeinen Anspruch auf Königswürde töteten sich, um dem »leuchtenden Schrecken der Nacht« zu entgehen und stellten damit sicher, daß der Komet bekam, was ihm gebührte. Und falls Astrologen die buntscheckige Sammlung von italienischen und spanischen Selbstmördern als der »bösen Verkündigung« unwürdig ansehen sollten, so konnten sie sich dazu gratulieren, daß Edward VII., der König des Weltreiches, in dem die Sonne und Kometen niemals untergingen, prompt beim Ertönen seines kosmischen Stichwortes umkam – infolge der Wirkung des Kometen und kompliziert durch eine Bronchitis.«

Aber auch heute noch gibt es solche obskuren Deutungen. Als beispielsweise beim Erscheinen des Kometen Hale-Bopp ein amerikanischer Hobbyastronom im Fernsehen ein selbstgemachtes Foto des Kometen zeigte, auf dem ein naher Stern durch die lange Belichtungszeit seiner Kamera als dicker Fleck zu sehen war, sagte irgend jemand: »das sieht ja aus, wie ein UFO!«. Das war der Startschuß. Alle wollten nur noch das vermeintliche »UFO« sehen, der Komet was uninteressant. Auf späteren Aufnahmen war das »UFO« nicht mehr zu sehen, weil sich der Komet gegenüber den weit entfernten Sternen weiterbewegt hatte. Das interpretierte ein selbsternannter Prophet in San Diego, USA, so, daß das UFO jetzt hinter dem Kometen ist, um sich zu verstecken. Er und eine Gruppe von 38 Personen zwischen 20 und 72 Jahren beschlossen darauf hin im März 1997, sich umzubringen, damit ihre Seele von dem UFO mitgenommen werden kann,

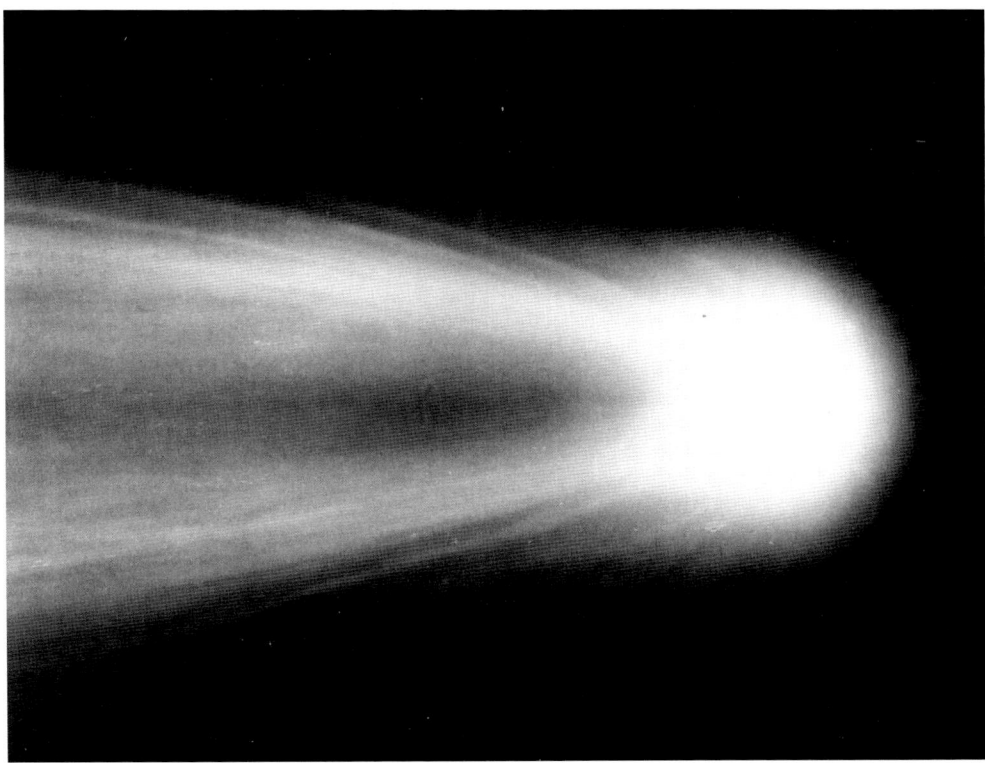

Diese Aufnahme aus dem Jahre 1910 zeigt die Koma und einen Teil des Schweifes des Halleyschen Kometen. Der Kern ist nicht sichtbar, da er von der hellen Koma überstrahlt wird.

bevor der Weltuntergang kommt. Der Weltuntergang ist jedenfalls ausgeblieben. Es ist doch verblüffend, daß viele Leute (inklusive mancher Journalisten) neuen wissenschaftlichen Erkenntnissen kaum Aufmerksamkeit schenken, während hingegen Spekulationen über UFOs und ähnliche Themen deutlich mehr Interesse erfahren.

Aus wissenschaftlicher Sicht kann man zur Beruhigung sagen, daß Kometen und Asteroiden nur bei einem Einschlag gefährlich sind. Selbst bei einem nahen Vorbeiflug können sie die Erde nicht in ihrer Bahn beeinflussen, weil ihre Masse im Vergleich mit der Erde verschwindend klein ist. Genauso wenig können sie bei einem Vorbeiflug Flutwellen oder Erdbeben auslösen, weil ihre Schwerkraft einfach zu schwach ist.

Als der Komet Halley 1910 zu sehen war, stellte man fest, daß der Kometenschweif unter anderem Cyangas erhält und daß die Erde sich durch den Kometenschweif bewegen wird. Doch die Dichte eines Kometenschweifes ist so gering, daß man besser von einem Vakuum sprechen sollte – die wenigen Moleküle stellen keine Gefahr dar.

Doch einige hysterische Menschen glaubten einfach, daß sie durch das Gas sterben würden und verrannten sich in die Idee, daß man sie belüge. Es starben damals eine ganze Reihe Menschen – durch Selbstmord, niemand durch das Cyangas. Der ehemalige Direktor Dr. F. S. Archenhold der Treptow-Sternwarte in Berlin, die nach ihm in Archenhold-Sternwarte umbenannt wurde, verfaßte zur Wiederkehr des Halleyschen Kometen im Jahre 1910 eine Schrift, in der er folgende Erfahrung zur Angst vor Kometen, bzw. dem im Herbst 1899 anstehenden Leonidenschauer wiedergab:

»Auch für das Jahr 1899 wurde der Weltuntergang oder ein großer Sternschnuppenfall prophezeit. Ich erhielt damals viele Anfragen, unter anderem die, ob es rätlich sei, einen bombensicheren Keller aufzusuchen. Ein Schuhmachermeister frug allen Ernstes an, ob es sich noch lohnen würde, mit der Ausführung eines Auftrages auf 1200 Paar Stiefel, welchen er von einer Behörde erhalten hat, vor dem 15. November anzufangen.«

Es könnte für die Angst vor Kometen aber auch eine andere Erklärung geben. Könnte es sein, daß es eine Ur-Erinnerung an einen früheren katastrophalen Einschlag gibt, die sich vielleicht noch in alten Berichten, Sagen, Legenden oder Prophezeiungen widerspiegelt? Über die ganze Erde verteilt existieren Überlieferungen, Mythen und Beschreibungen von großen Katastrophen, bei denen Feuer oder Sterne vom Himmel fielen. Berichte von einer Sintflut und auch von auf die Erde fallenden Sternen oder Göttern erhalten eine ganz neue Bedeutung, wenn man sie unter Hinblick auf einen Einschlag eines Asteroiden oder Kometen betrachtet. Diese Berichte könnten Erinnerungen an Katastrophen sein, die tatsächlich vor langer Zeit stattgefunden haben. Solche damals unerklärlichen Ereignisse wurden den Göttern zugeschrieben, da man sie sich sonst nicht erklären konnte. Wer hätte sonst die Macht, die Sterne vom Himmel auf die Erde zu stürzen? Diese nur von wenigen Menschen überlebten Katastrophen können sich auch in Prophezeiungen, wie denen in der Offenbarung des Johannes geschilderten, widerspiegeln, denn was einmal geschah, kann sich theoretisch wiederholen. Verblüffend ist, daß manche Völker sogar von Weltzyklen sprechen, an deren Ende die Erde durch eine gigantische Katastrophe ausgelöscht wird und danach von neuem entsteht. Wissenschaftlich bewiesen sind diese Überlegungen bisher aber nicht.

Verursachte ein Einschlag die Sintflut?
Der Wiener Geologieprofessor Alexander Tollmann und seine Frau, die Geologin Dr. Edith Kristan-Tollmann, haben Sagen und Überlieferungen zur Sintflut und anderen möglichen Einschlagereignissen aus der ganzen Welt zusammengetragen und in ihrem Buch »Und die Sintflut gab es doch« die Theorie aufgestellt, daß es die Sintflut vor etwa 9500 Jahren gegeben hat.

Sie sammelten auch weltweit Sagen und Legenden zur Sintflut und versuchten, den jeweiligen originalen Kern zu erhalten, indem sie die biblische Version der Sintflut (Bau einer Arche durch Noah) herausfilterten. Das Ergebnis war, daß fast alle Völker der Erde unabhängig voneinander

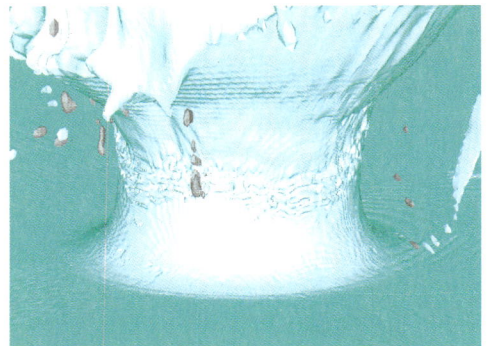

Diese Seitenansicht zeigt die etwa 20 km breite Wassersäule, die durch den Einschlag eines 1 km großen Kometenkerns entstehen würde. Die Computersimulation wurde von den Sandia National Laboratories 1997 durchgeführt.

von einer riesigen Flut und von Feuer, das vom Himmel fiel, berichten. Auch soll durch die Flut ein Großteil der Menschheit umgekommen sein. Es erschien ihnen daher sinnvoll, diese Schilderungen nicht als bloße Erfindung abzutun, sondern einen wahren Kern anzunehmen. Die Sintflut soll ihrer Meinung nach durch den Einschlag mehrerer Kometenbruchstücke ausgelöst worden sein, als diese in die Weltmeere stürzten. Daß Kometen zerbrechen und dann auf einen Planeten stürzen können, bewies der Komet Shoemaker-Levy-9 ein Jahr nach der Veröffentlichung ihres Buches 1993. Es ist heute auch durch Computersimulationen gezeigt worden, daß kilometergroße Asteroiden oder Kometen, die in einen Ozean stürzen, riesige Tsunamis auslösen, die weite Küstenbereiche überfluten würden.

In die von den Tollmanns vermutete Einschlagperiode fällt auch grob das Ende der letzten Eiszeit, in welcher weite Teile Europas unter einem dicken Eispanzer verborgen waren. Ob ein Kometeneinschlag damals zu einer Erwärmung des Klimas und damit zum Ende der Eiszeit geführt hat, ist bis heute noch nicht geklärt worden.

Prof. Tollmann und seine Frau halten auch einen Zusammenhang zwischen der Sintflut und dem Untergang von Atlantis für möglich. Ist der Untergang von Atlantis eine Legende oder war er eine reale Katastrophe in der Menschheitsgeschichte? Die früheste schriftliche Überlieferung stammt von dem griechischen Philosophen Platon, der die Geschichte von Atlantis um 350 v. Chr. niederschrieb. Nach Platon soll Atlantis etwa 11.600 Jahre vor heute im Meer versunken sein. Damit liegt nach seiner Zeitangabe, welche vermutlich nicht sehr exakt ist, der Untergang auch in der Nähe des Endes der Eiszeit und wird von Prof. Tollmann mit der Sintflut in Verbindung gebracht. Er sieht Atlantis auf einer riesigen Erdscholle im Atlantik am Atlantischen Rücken angesiedelt, wo durch das Auseinanderdriften der Kontinentalplatten unter dem Meer neues Land entsteht. Er meint, daß sich eine Scholle über lange Zeit hin aus dem Meer heraus gehoben hatte und durch den Einschlag eines Kometen in der Nähe so erschüttert wurde, daß sie wieder im Meer versank – samt Atlantis.

So interessant ihre Theorie ist, so umstritten ist sie auch. Unter Fachkollegen ist sie scharf kritisiert worden, denn die eindeutigen wissenschaftlichen Beweise fehlen noch und an manchen Stellen wurde nicht einwandfrei argumentiert.

Berichte von Einschlägen in der Bibel?
Neben dem Bericht von der Sintflut gibt es in der Bibel eine Reihe von Ereignissen, die verblüffend gut an Einschläge von NEOs erinnern. Das bekannteste solche Ereignis ist der Bericht vom Untergang der Städte Sodom und Gomorra:
1. Mose 19.24-28
»Da ließ der Herr Schwefel und Feuer regnen vom Himmel herab auf Sodom und Gomorra und vernichtete die Städte und die ganze Gegend und alle Einwohner der Städte und was auf dem Lande gewachsen war. Und Lots Weib sah hinter sich und ward zur Salzsäule. Abraham aber machte sich früh am Morgen auf an den Ort, wo er vor dem Herrn gestanden hatte, und wandte sein Angesicht gegen Sodom und Gomorra und alles Land dieser Gegend und schaute, und siehe, da ging Rauch auf von dem Land wie der Rauch von einem Ofen.«

In der Lutherbibel der Deutschen Bibelgesellschaft wird über die beiden kanaanitischen Städte Sodom und Gomorra ausgesagt, daß sie vielleicht am Südostufer des Toten Meeres lagen und wahrscheinlich schon in der mittleren Bronzezeit durch eine Naturkatastrophe untergegangen sind. Im Zusammenhang mit Sodom und Gomorra werden auch die Städte Adma und Zebojim genannt (5. Mose 29.22), von denen angenommen wird, daß sie in deren Nachbarschaft lagen und das gleiche Schicksal teilten. Es könnte sich hierbei um ein Ereignis handeln, wie es 1908 in Tunguska geschah: ein Objekt von etwa 60 Metern Durchmesser trat in die Erdatmosphäre ein und explodierte durch die plötzliche Abbremsung noch über dem Boden. Die Druckwelle und die Hitze der Explosion hätten somit ein großes Gebiet, mit den darin befindlichen vier Städten und allen Lebewesen zerstört und nur rauchende Trümmer zurückgelassen. Da die Lage der vier Orte im Raum des Toten Meeres nicht genau bekannt ist und bei einem solchen Ereignis kein Krater entsteht, ist eine Suche nach Beweisen, wie nach Staubresten des NEO, sehr schwierig.

In der Offenbarung des Johannes werden an mehreren Stellen apokalyptische Beschreibungen geliefert, die genau das wiedergeben, was man bei einem großen Einschlag zu erwarten hätte (»die Sterne fielen vom Himmel«, usw.). Vielleicht sind es die Visionen eines kommenden Ereignisses, vielleicht sind es aber die Erinnerungen an eine viele tausend Jahre zurückliegende Einschlagkatastrophe, die vielleicht auch die Sintflut auslöste.

Die Edda
Auch in anderen Sagen, Legenden oder Überlieferungen, wie der Edda, gibt es Hinweise auf mögliche Berichte von Einschlagereignissen. Die Edda ist eine Sammlung altgermanischer Götter- und Heldendichtungen. »Der Seherin Gesicht« ist eine apokalyptische Vision vom Auf- und Untergang der Welt. Wenn man solche Texte mit dem Wissen um die Vorgänge bei großen Einschlägen und deren Folgen liest, ergeben sich erstaunliche Parallelen. Der 48. Vers aus »der Seherin Gesicht« der Edda lautet:
»Die Sonne verlischt, das Land sinkt ins Meer;
vom Himmel stürzen die heitern Sterne.
Lohe umtost den Lebensnährer [die Weltesche];
hohe Hitze steigt himmelan.«
Obwohl dieser Vers den Untergang der Welt beschreibt, wie ihn die Seherin vorhersagt, könnte er die Überlieferung eines sehr weit zurückliegenden Einschlagsereignisses darstellen. Dieser Vers stimmt sehr gut mit einem großen Einschlag im Nordmeer, der Nordsee oder Ostsee zusammen. Hält man sich an die Reihenfolge der Ereignisse im Vers, so ist der Flug durch die Atmosphäre und der eigentliche Impakt nicht beobachtet worden. Dann wurde durch die Explosionswolke aus Staub und Wasserdampf die Sonne verdunkelt. Kurz danach erreichte ein Tsunami

die Küste und überflutete das Land. Die vom Himmel stürzenden Sterne können einerseits als in die Atmosphäre zurückstürzende und dabei verglühende Trümmer (Meteore) gedeutet werden. Andererseits könnte auch der Asteroid oder Komet von einer gewissen Zahl kleinster Objekte begleitet worden sein (Mini-Monde), welche kurz vor, während und nach dem Haupteinschlag als zahllose kleine Meteore zu sehen gewesen sein könnten. Diese gewaltige Zahl an Meteoren hat vermutlich die Atmosphäre in manchen Gegenden so heiß werden lassen, daß sich alles brennbare Material am Erdboden entzündete und »die ganze Welt« in Flammen stand.

Phaëthon

Ein ähnlicher Bericht ist im griechischen Sagenschatz als die Geschichte des Phaëthon überliefert. Phaëthon war der Sohn des Sonnengottes Helios und der Menschenfrau Klymene. Phaëthon bat Helios um ein Zeichen zur Bestätigung, daß er sein Sohn sei. Helios gewährte ihm deshalb einen Wunsch und Phaëthon wünschte sich, einmal wie sein Vater mit dem Sonnenwagen über den Himmel zu fahren. Helios versuchte, ihm diese törichte Idee auszureden, doch Phaëthon bestand auf seinem Wunsch. Da Helios sein Wort gegeben hatte, erhielt Phaëthon die Erlaubnis, dies sehr vorsichtig tun zu dürfen. Phaëthon hielt sich aber nicht an die Warnungen und verlor bald die Kontrolle über die Pferde, die den Sonnenwagen zogen. Der Sonnenwagen streifte die Erde und verbrannte große Gebiete auf ihr. Es wüteten überall ein solch enormer Feuersturm, daß alle Felder und Städte in lodernden Flammen aufgingen und sogar die Meere austrockneten. Damals – so die Sage – bekamen Afrikas Bewohner ihre schwarze Haut und Lybien trocknete zur Wüste aus. Auch Phaëthon fing Feuer, stürzte vom Sonnenwagen auf die Erde herab und kam so zu Tode.

Steckt vielleicht doch ein wahrer Kern darin? Eine moderne Deutung stammt von Bob Kobres, der die Meinung vertritt, daß diese Sage ein tatsächlich geschehenes, wenn auch sehr seltenes Himmelsschauspiel beschreibt. Nach seinen Ausführungen könnte sich damals ein Komet von der Sonne her kommend der Erde genähert

Einschlag eines mehrere Kilometer großen Asteroiden auf der Erde. Ein solcher Einschlag hätte katastrophale Auswirkungen auf alle irdischen Lebewesen.

haben. Der Komet war am Tageshimmel nicht zu erkennen, erst als er der Erde sehr nahe gekommen war, war er hell genug, um als riesige Fackel neben der Sonne zu erscheinen. Vielleicht ist dann tatsächlich der Komet mit der Erde kollidiert. Jedenfalls wäre die Kometentheorie eine verblüffend einleuchtende Erklärung, für die allerdings die Beweise bisher noch fehlen.

Einschläge in der Bronzezeit?

In der Bronzezeit (ca. 3.000 bis 1.000 v. Chr.) hat es starke Klimaschwankungen gegeben. Diese haben wahrscheinlich dazu geführt, daß Ackerbau und Viehzucht kaum mehr möglich waren und einst blühende Städte für Jahrhunderte verlassen wurden, bevor die Menschen an diese Orte zurückkehrten und auf den Ruinen der früheren Siedlungen neue Städte aufbauten. Manche Forscher sprechen auch von einem Kultursturz am Ende der Bronzezeit. Bisher fanden einige Konferenzen zu diesem Thema, so auch 1997 in Cambridge, Großbritannien, statt. Man stellte dort unterschiedliche Theorien zu diesem Themengebiet vor, so auch, daß eine Klimaänderung der Auslöser für die Völkerwanderung im ersten Jahrtausend n. Chr. war. Besonders um das Jahr 540 n. Chr. herum, so stellte der britische Wissenschaftler Mike Baillie fest, haben manche Sommer nur Kälte und Regen gebracht, was man an den Jahresringen alter Baumstämme erkennen kann.

Doch was hat zu diesen Klimaschwankungen geführt? Neben manchen anderen Überlegungen geht die Theorie der britischen Astronomen Viktor Clube und Bill Napier davon aus, daß damals ein Riesenkomet von vielleicht 50 bis 100 km im Durchmesser in das innere Sonnensystem gelangte und sich in Sonnennähe in viele Bruchstücke aufteilte, die im Verlauf der Jahrtausende immer wieder zu Einschlägen geführt haben sollen. Reste dieses Riesenkometen wollen sie im Enckeschen Kometen oder in den Kometen der Kreutz-Gruppe, den »sungrazers« (Sonnenkratzern), ausgemacht haben. Mit dem Enckeschen Kometen wird auch der jedes Jahr Ende Juni auftretende Tauriden-Meteorschauer in Verbindung gebracht wird. Der Tunguska-Einschlag vom 30. Juni 1908 fand also in dieser Periode statt – nur Zufall, oder gibt es einen Zusammenhang? Ein solcher Riesenkomet würde sich vermutlich im Laufe vieler Umläufe um die Sonne in zahlreiche kleinere Kometen teilen, die alle ähnliche Bahnen haben würden.

Für uns heute bleibt der bittere Nachgeschmack, sofern die Theorie des Riesenkometen stimmt, daß kleinere Kometenbruchstücke nach mehreren Jahrtausenden in Sonnennähe (der Komet Encke umkreist die Sonne alle 3,3 Jahre) fast alle flüchtigen Stoffe verloren haben oder durch die kohlenstoffhaltigen Verbindungen eine »zugeklebte« und somit für Gase undurchlässige Oberfläche aufweisen, wodurch sie keinen Schweif mehr ausbilden können und nur schwer zu entdecken sind. Die Effektivität der heutigen NEO-Suchaktivitäten vorausgesetzt, bedeutet das, daß man weitere Einschläge, speziell von Kometenbruchstücken der Tunguska-Größe (zwischen 50 m und 100 m) kaum vorhersagen kann. Die Vorwarnzeit wäre gleich Null.

Alle diese Berichte und Legenden erscheinen durch unser heutiges Wissen um Asteroiden- und Kometeneinschläge in einem neuen Licht. Dennoch muß darauf hingewiesen werden, daß es sich hierbei nur um Spekulationen handelt. Erst wenn die eindeutigen wissenschaftlichen Beweise für die Richtigkeit dieser Theorien vorliegen, können wir Gewißheit haben, daß es in der Menschheitsgeschichte tatsächlich katastrophale Asteroiden- und Kometeneinschläge gegeben hat – was aufgrund der heute bekannten Einschlaghäufigkeiten durchaus wahrscheinlich ist. Wissenschaft ist wie Detektivarbeit: hat man ein Motiv gefunden (oder eine Theorie entwickelt), so geht man auf gezielte Spurensuche, um schließlich die nötigen Beweise zu finden, um den Fall zu lösen.

Vermeidung kommender Einschläge

Suche und Beobachtung

Asteroiden können normalerweise nicht mit bloßem Auge entdeckt werden. Dazu ist ein Blick durch ein Teleskop notwendig, oder man verwendet fotografische Aufnahmen. Auf den Bildern ist ein Asteroid nur als kleiner Lichtpunkt zu erkennen und unterscheidet sich nur dadurch von den Sternen, daß er sich ihnen gegenüber bewegt. Schon nach mehreren Minuten hat sich seine Position soweit geändert, daß er als Asteroid erkannt werden kann.

Technisch funktioniert die NEO-Suche folgendermaßen: man führt ein Teleskop mit einer Kamera der scheinbaren Sternbewegung nach, d.h. man gleicht die Erddrehung aus. Dadurch werden die Sterne immer als einzelne Punkte auf dem Film oder dem CCD-Sensor abgebildet. Da sich die Asteroiden den Sternen gegenüber bewegen werden sie als Streifen sichtbar. Bei modernen CCD-Kameras, die einen elektronischen Bildsensor wie in einer Videokamera anstatt Film verwenden, wird nur wenige Sekunden lang ein bestimmter Himmelsbereich fotographiert. Dann werden die Bilder in einem Computer gespeichert. Danach fotographiert man einen anderen Bereich, bis man den ganzen Himmel erfaßt hat. Dann beginnt man in der gleichen Reihenfolge von vorne und vergleicht die aktuellen Bilder mit denen, die man einige Stunden zuvor aufgenommen hat. Hat sich in dieser Zeit ein Licht-

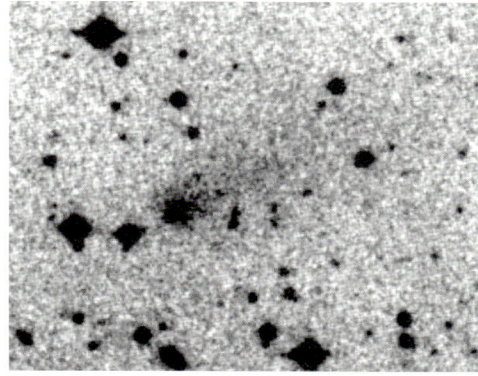

Das Team des NEO-Suchprogramms ODAS entdeckte auch einen Kometen, der P/1998 X1 (ODAS) genannt wurde. Auf diesem Bild sind der Komet und die Sterne schwarz abgebildet, so wie das Filmnegativ einer normalen Kamera durch das Licht geschwärzt wird.

punkt bewegt, so kann man auf einen Asteroiden schließen. Um aber dessen Bahn genau bestimmen zu können, muß man ihn über einige Zeit, mindestens einige Nächte lang, beobachten. Aus diesen vielen Positionen kann man nun die Bahn des Asteroiden um die Sonne berechnen. Weil es immer kleine Meßungenauigkeiten gibt, wird die berechnete Bahn um so exakter, je mehr Positionen man über einen Zeitraum von Wochen und Monaten bestimmen konnte.

Die Daten werden sofort an das Minor Planet Center (MPC) in den USA gesendet, welches von der International Astronomical Union (IAU) unterhalten wird. Dort vergleicht das Team um den Leiter des MPC Brian Marsden die Daten mit allen bekannten Asteroiden- und Kometenbahnen. In den meisten Fällen hat man schon bekannte Objekte beobachtet und damit die Messungen weiter verbessert. Manchmal wurde aber auch ein neuer Asteroid gefunden, der nach dem Zeitpunkt der Entdeckung eine vorläufige Nummer (z.B. »1989 FC«) bekommt. Diese Neuentdeckung wird sofort veröffentlicht und andere

Diese drei CCD-Aufnahmen vom 8. Juli 1997 zeigen den erdnahen Amor-Asteroiden 1997 NJ6 (Kreise). Man kann gut erkennen, wie er sich gegenüber den Fixsternen weiterbewegt. 1997 NJ6 ist der erste NEO, der durch das Suchprogramm ODAS gefunden wurde.

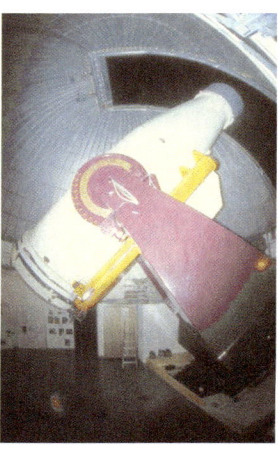

Das 90 cm Schmidt-Teleskop des Observatoire de la Côte d'Azur wird für das NEO-Suchprogramm ODAS genutzt.

Beobachter können durch »follow-up« (Nachfolge-) Beobachtungen weitere Daten liefern.

Der erste erdnahe Asteroid »1932 HA« wurde im Jahre 1932 von dem Heidelberger Astronomen Dr. Karl Reinmuth entdeckt. Er entdeckte auch im Jahre 1937 den erdnahen Asteroiden »Hermes«, der sich damals der Erde auf etwa 770.000 km näherte, weniger als die doppelte Mondentfernung. Man verlor ihn aber danach – im wahrsten Sinne des Wortes – wieder aus den Augen.

Für die Suche nach NEOs existieren weltweit schon einige Beobachtungsprogramme. Sie werden aber teils aufgrund fehlender Finanzmittel nicht kontinuierlich betrieben. Das erste Suchprogramm nach erdnahen Objekten wurde 1973 in den USA begonnen. Man taufte es Planet-Crossing Asteroid Survey (PCAS) und dieses Suchprogramm lief bis 1994. Das nächste Suchprogramm »Spacewatch Survey« begann 1981 in Arizona, USA, und ist heute noch aktiv. Am Mount Palomar Observatorium führte man von 1982 bis 1994 den »Palomar Asteroid and Comet Survey (PACS)« durch. Das Suchprogramm Near-Earth Asteroid Tracking (NEAT) ist seit 1995 in Betrieb und nutzt ein Teleskop des US Militärs auf Hawai. Im Jahre 1990 wurde das Suchprogramm Anglo-Australian Near-Earth Asteroid Tracking (AANEAS) gestartet. Doch die Australische Regierung hat 1997 ihre finanzielle Unterstützung eingestellt, was das Ende von AANEAS bedeutete. Es gibt seither auf der südlichen Erdhalbkugel kein Suchprogramm mehr. In den USA nahm dann 1996 der Lowell Observatory Near-Earth Object Survey (LONEOS) seinen Betrieb auf, ebenso wie der vom US Militär unterstützte Lincoln Near-Earth Asteroid Research (LINEAR). In China wird am Xinglong Observatorium bei Peking seit 1995 nach NEOs gesucht. In Europa gibt es seit 1996 das Suchprogramm O.D.A.S. (Observatoire de la Côte d'Azur / DLR Asteroid Survey), eine deutsch-französische Kooperation. Das NEO-Suchprogramm Catalina Sky Survey am Steward Observatory, Arizona, USA, soll 1999 beginnen. Zudem gibt es weitere Institute, die sich an der NEO-Suche, -Forschung und »follow-up«-Beobachtungen beteiligen, wie in der Tschechi-

NEO-Suche findet hauptsächlich vor dem Computer statt. Hier Dr. Hahn bei der Auswertung von Bahndaten des Kometen P/1998 X1 (ODAS), der durch das ODAS-Suchprogramm gefunden wurde.

schen Republik, Italien, Schweden und einigen anderen Ländern.

Da schon relativ kleine Teleskope, mit einem CCD-Sensor ausgerüstet, sehr gut für die NEO-Suche verwendet werden können, haben auch Amateure Chancen, an den NEO-Suchen und besonders an »follow-up«-Beobachtungen teilzunehmen. In Japan hat der Bau eines 0,5 m und eines 1 m Teleskops zur NEO-Suche und »follow-up«-Beobachtung begonnen, welche um 2001 fertiggestellt sein sollen. Besonders bei der Kometensuche sind Amateure erfolgreich, da sich die oben genannten Suchprogramme bisher eher auf Asteroiden konzentriert haben. Als Anerkennung für die Entdeckung eines neuen Kometen, wird dieser nach seinem oder seinen Entdecker(n) benannt. Von der US-Firma Space-Dev, Inc., die auch das Raumsondenprojekt

Riesige Radarantennen, wie hier in Goldstone, USA, können zur NEO-Beobachtung eingesetzt werden, wenn sich die Objekte nicht weiter als einige Mondentfernungen von der Erde aufhalten. Ansonsten sind die zurückgestrahlten Radarechos zu schwach.

NEAP leitet, wurden mehrere Geldpreise für Amateure ausgelobt, die NEOs gefunden haben. Die amerikanische Planetary Society hat ebenfalls einen Preis gestiftet, der nach dem verstorbenen NEO-Forscher »Eugene Shoemaker Grant« genannt wird.

Das generelle Problem fast aller bisherigen Suchprogramme ist, daß sie nur zu einem Teil für die NEO-Suche benutzt werden und auch anderen Astronomen zur Verfügung stehen. Die Gelder für diese Projekte sind knapp, wodurch man nicht genug Personal einstellen und auch nicht alle notwendigen Geräte anschaffen kann.

Die NASA wurde vom US-Kongreß beauftragt, sich eingehend mit der NEO-Thematik zu befassen. Sie hat daraufhin 1992 zwei Workshops organisiert: den NEO-Detection Workshop (zur NEO-Entdeckung) und den NEO-Interception Workshop (zur NEO-Abwehr). David Morrison und andere Forscher haben daraufhin der NASA das weltweit arbeitende Suchprojekt »Spaceguard Survey« vorgeschlagen, welches bei 25 Jahren Betriebsdauer einen Großteil der potentiell gefährlichen Objekte größer als 1 km finden sollte. Der Vorschlag wurde aber nicht umgesetzt. 1995 schlug die »Near-Earth Object Wor-

Diese künstlerische Darstellung zeigt die europäische Raumsonde Giotto im Anflug auf den Kometen Halley im Jahre 1986.

king Group« ein alternatives Konzept vor, welches eine Kooperation mit der US Air Force vorsieht und in 10 Jahren 90% der kilometergroßen NEOs finden soll. Inzwischen hat die NASA ein NEO-Büro unter Leitung des Wissenschaftlers Donald Yeomans eingerichtet, das alle US-Aktivitäten auf diesem Gebiet koordinieren soll.

In untenstehender Tabelle sind die minimalen Vorbeiflug-Entfernungen von Asteroiden an der

Name des Asteroiden	Entfernung in 1000 km (in Mondentfernungen)	Datum der größten Annäherung
1999 AN10	224,3 (0,58)	7. August 2027
1999 DB7	418,6 (1,09)	27. Februar 2048
2340 Hathor	882,1 (2,29)	21. Oktober 2086
1998 HH49	897,0 (2,33)	16. Oktober 2023
1997 XF11	956,8 (2,49)	26. Oktober 2028
2340 Hathor	986,7 (2,57)	21. Oktober 2069
1998 FW4	1.121,3 (2,92)	27. September 2013
4660 Nereus	1.196,0 (3,11)	14. Februar 2060
1988 TA	1.315,6 (3,42)	1. Oktober 2053
4179 Toutatis	1.554,8 (4,04)	29. September 2004

Tabelle: Vorausberechnungen naher Asteroiden-Vorbeiflüge an der Erde

Die Raumsonde Giotto bei einem Test. An ihrer Oberseite befindet sich die Antenne zur Datenübertragung. Der zylindrische Mittelteil ist mit Solarzellen zur Stromgewinnung versehen und unten befinden sich in Flugrichtung zwei Prallplatten, welche die Sonde wie ein Schutzschild gegen Staubteilchen des Kometen geschützt haben.

Erde angegeben, die man aufgrund von Beobachtungsdaten berechnen konnte, wovon aber einige Angaben noch unsicher sind. Eine Kollision eines NEOs mit der Erde wurde bisher nicht ermittelt, obwohl schon mehrfach berichtet wurde, daß man einen erdnahen Asteroiden (NEA) gefunden hat, der die Erde möglicherweise tref-

Die japanische Raumsonde Muses-CN soll im Jahre 2003 einen Asteroiden erreichen, umkreisen, landen und Bodenproben zur Erde bringen (oben links).

Modell des in den USA entwickelten Mini-Rovers, der von der japanischen Raumsonde Muses-CN auf einem Asteroiden abgesetzt werden soll (oben rechts).

In einer kleinen Kapsel der Muses-CN Raumsonde sollen Bodenproben eines Asteroiden zur Erde gebracht werden. Die Kapsel besitzt einen Hitzeschild, um den Flug durch die Atmosphäre zu überstehen (Mitte rechts).

Muses-CN nähert sich der Asteroidenoberfläche, um verschiedene Experimente durchzuführen (Mitte links).

Ein Minirover soll von der Raumsonde Muses-CN auf dem Asteroiden abgesetzt werden (links).

Die europäische Raumsonde Rosetta soll nach Vorbeiflügen am Mars und an zwei Asteroiden den Kometen Wirtanen erreichen und diesen als künstlicher Satellit umkreisen. Dabei wird auch die Landeeinheit Roland abgesetzt werden.

fen könnte. Doch durch weitere Beobachtungen und die Einbeziehung alter Daten in die Berechnungen konnte Entwarnung gegeben werden, wie dies mit dem Asteroiden 1997 XF11 geschah. Der 1999 entdeckte knapp 1 km große NEA 1999 AN10 wird im Jahre 2027 in etwa halber Mondentfernung an der Erde vorbeifliegen und dabei mit bloßem Auge sichtbar sein. Nach den gegenwärtigen Beobachtungsdaten könnte er sich der Erde sogar bis auf 38.000 km nähern, es wird aber zu keiner Kollision kommen.

Doch man muß immer daran denken, daß bisher nur ein sehr kleiner Teil der NEOs (Asteroiden und Kometen) bekannt ist. Für den größten Teil der NEOs können daher solche Berechnungen nicht durchgeführt werden.

Aktuell wird unter den Astronomen die Frage diskutiert, ob man den bisherigen offenen Umgang mit Beobachtungsdaten einschränken soll, um bei einer Entdeckung eines NEOs, der möglicherweise die Erde treffen könnte, eine Panik unter der Bevölkerung zu vermeiden. Es gab schon mehrere Situationen, wo mögliche Einschläge von NEOs vorhergesagt wurden, wie z.B. bei den Asteroiden 1997 XF11 und 1999 AN10,

aber aufgrund weiterer Beobachtungen dann ausgeschlossen werden konnten. Auch der Einfluß der Massenmedien spielt hier eine wichtige Rolle, denn Meldungen über solche Entdeckungen werden oft falsch verstanden und nur zu gerne übertrieben dargestellt.

Deshalb hat sich die NASA dafür ausgesprochen, daß alle von ihr unterstützten Forscher ihre Daten erst untereinander austauschen sollen, bevor die Öffentlichkeit nach einer gewissen Zeit informiert wird. Dies wird von den meisten von der NASA unabhängigen Astronomen, so auch von der zentralen Datensammelstelle, dem Minor Planet Center, abgelehnt. Diese Diskussion zeigt, daß es auch in diesem Bereich Klärungsbedarf für das gemeinsame Vorgehen gibt. Zusammenfassend läßt sich sagen, daß die Schaffung eines weltweiten NEO-Suchprogramms von großer Bedeutung für den Erfolg einer möglichen Abwehrmission ist.

Erkundung durch Raumsonden

Neben den Beobachtungen durch Teleskope von der Erde aus ist es wichtig, Raumsonden zu den Asteroiden und Kometen zu schicken. Untersuchungen vor Ort oder aus der Nähe sind von großer Bedeutung, um Informationen über Zusammensetzung, Form, Massenverteilung, usw. der NEOs zu erhalten. Diese Parameter bestimmen, ob ein Abwehrsystem im jeweiligen Fall eingesetzt werden kann oder nicht. Außerdem werden mit solchen Missionen auch Annäherungen und Landungen an, bzw. auf NEOs erstmals durchgeführt. Diese Manöver sind für mögliche Abwehrmissionen absolut notwendig.

In der Tabelle sind diejenigen Raumsonden aufgeführt, die speziell zur Asteroiden- und Kometenerkundung eingesetzt wurden, bereits unterwegs sind oder zur Zeit studiert werden. Auch andere, hier nicht aufgeführte Raumsonden und Satelliten konnten Beobachtungen durchführen, die zum weiteren Verständnis dieser Himmelskörper beitrugen. Von diesen Missionen sind besonders Galileo, Ulysses, SOHO und das Hubble Space Telescope zu erwähnen.

Zeichnung der Raumsonde Deep Space-1 im Anflug auf einen Kometen. Deep Space-1 verwendete nach dem Start von der Erde im Weltraum einen Ionenantrieb. Dessen Schub ist so niedrig, daß er über mehrere Monate ununterbrochen in Betrieb sein muß, um die 490 kg schwere Raumsonde auf die benötigte Geschwindigkeit zu bringen. Der Vorteil ist, daß der Ionenantrieb weniger Treibstoff verbraucht, als ein konventioneller Raketenmotor.

Während die typischen Raumsonden bis in die 80er Jahre noch relativ groß und schwer waren (mehrere Tonnen), sind viele der heutigen Sonden deutlich kleiner geworden. Dadurch kommt man mit kleineren und preiswerteren Trägerraketen aus. Weil man weniger ehrgeizige Missionen durchführt, kann man diese Sonden in geringerer Zeit entwickeln und spart ebenfalls Kosten ein. Ein weiterer Vorteil ist, daß man durch die geringere Entwicklungszeit schneller auf neue Fragestellungen reagieren und die nächste Raumsonde bereits daraufhin ausrichten kann. Es ist auch einsichtig, daß wenn man anstatt einer großen Raumsonde fünf kleine baut, der Schaden bei einem Fehler, beispielsweise dem Ab-

Name der Raumsonde	Startdatum, Land	Anmerkungen
ISEE-3/ICE	12.8.1979, USA	War für andere Messungen eingesetzt und wurde am 22.12.1983 auf dem Weg zum Kometen Halley gebracht.
Vega-1	15.12.1984, UdSSR	Sie flog am 11. Juni 1985 an der Venus vorbei und warf dort Instrumenten-kapseln ab. Von dort aus flog sie zum Kometen Halley weiter.
Vega-2	21.12.1984, UdSSR	Sie flog am 15. Juni 1985 wie Vega-1 an der Venus vorbei und warf dort Instrumentenkapseln ab. Von dort aus flog sie auch zum Kometen Halley.
Sakigake	8.1.1985, Japan	Diese Raumsonde war Japans erste interplanetare Mission und der Name bedeutet »Pionier« oder »Vorbote«.
Giotto	2.7.1985, Europa	Giotto flog mit 68 km/s in nur 600 km Entfernung am Kern des Kometen Halley vorbei, näher als alle anderen Halley-Raumsonden.
Suisei	18.8.1985, Japan	Sie war ähnlich wie Sakigake aufgebaut. Der Name bedeutet »Komet«.
Clementine-1	25.1.1994, USA	Umkreiste den Mond und sollte zum Asteroiden Geographos fliegen, geriet aber zuvor außer Kontrolle.
NEAR – Near Earth Asteroid Rendezvous	17.2.1996, USA	Flog 1997 am Asteroiden Mathilde vorbei und erreichte wegen eines technischen Problems Anfang 1999 seine Umlaufbahn um den Asteroiden Eros nicht. Das Manöver soll Anfang 2000 wiederholt werden.
Deep Space-1	24.10.1998, USA	Es ist ein Vorbeiflug am Asteroiden 1992 KD durchgeführt worden. Wird die Mission verlängert, so können Vorbeiflüge an den Kometen Wilson-Harrington und Borrelly stattfinden.
Stardust	7.2.1999, USA	Bei einem Vorbeiflug am Kometen Wild-2 sollen Staubpartikel eingefangen und zur Erde gebracht werden.
NEAP – Near Earth Asteroid Prospector	2000, USA	Die erste kommerzielle Asteroidenmission. Im Erfolgsfall sollen Meßdaten an Forscher verkauft werden. Die Kosten sollen gegenüber ähnlichen Missionen deutlich sinken.
Smart-1	2001, Europa	Studie zu einem Mondorbiter, der eventuell auch einen Vorbeiflug an einem Asteroiden durchführen soll.
Muses-CN	Jan. 2002, Japan	Landung auf einem Asteroiden im Jahr 2003 mit einem Minirover. Transport von Bodenproben zur Erde 2006.
Contour (Comet Nucleus Tour)	Juli 2002, USA	Vorbeiflüge an drei Kometen im Abstand von 100 km in den Jahren 2003, 2006 und 2008 geplant.
Rosetta	23.1.2003, Europa	Vorbeiflug am Mars 2005 und zwei Asteroiden 2006 und 2008. Umlaufbahn um den Kometen Wirtanen und Landung auf ihm 2011.
Deep Space-4 (DS-4) / Champollion (umbenannt in Space Technology 4, ST-4)	19.4.2003, USA	Die Raumsonde sollte den Kometen Temple 1 im Jahre 2006 anfliegen und den Lander Champollion absetzen. Es war eine Probenuntersuchung vor Ort geplant, aber inzwischen wurde das Projekt aus Einsparungsgründen gestoppt.
Deep Impact USA	vor 2004,	Soll einen 500 kg Impaktor auf dem Kometen P/Temple-1 einschlagen lassen, der dabei einen Krater formt (noch Studie).
Aladdin	vor 2004, USA	Einsammeln von Proben der Marsmonde, die vermutlich eingefangene Asteroiden sind, und Transport zur Erde (noch Studie).
Pluto-Kuiper Express	Dez. 2004, USA	Fly-by an einem Objekt des Kuiper-Belts und am Pluto geplant (noch Studie).

Tabelle: Asteroiden- und Kometenmissionen

sturz der Trägerrakete, im ersten Fall die gesamte Mission verloren ist, während man im zweiten Fall noch vier der fünf Sonden behält. Man verteilt also das Risiko und erhöht die Erfolgschancen. Diese Überlegung ist für den nachfolgend beschriebenen Einsatz eines Abwehrsystems äußerst wichtig, um nicht mit einem Fehler alle Rettungschancen zu verlieren.

Strategien der Asteroiden- und Kometenabwehr

»Die Nachrichten – guten Abend. Der amerikanische Präsident hat auf einer Pressekonferenz in Washington vor einer halben Stunde mitgeteilt, daß die Gerüchte um einen sich der Erde nähernden Asteroiden richtig sind. Der Himmelskörper hat einen Durchmesser von etwa 1500 Metern und es besteht eine 50 Prozent Chance, daß er die Erde in 4 Jahren treffen wird. Der Präsident wies darauf hin, daß sich eine Expertengruppe der NASA und der Air Force gebildet hat, um weitere Schritte genau zu untersuchen. Es bestehe nach seinen Informationen jedoch kein Grund zur Besorgnis. Kritiker werfen dem Präsidenten, aber auch der internationalen Staatengemeinschaft Versäumnisse bei der Vorsorge für einen solchen Katastrophenfall vor. Es gibt nach ihren Informationen noch kein geeignetes Abwehrsystem und bei einem Einschlag eines solch großen Asteroiden an jedem beliebigen Punkt auf der Erde sei mit einer globalen Katastrophe zu rechnen.

Und nun Nachrichten aus dem Inland: Die erbitterte Diskussion zwischen Regierung und Opposition während der dritten Lesung des revidierten Antrags zu einer Teilreform der Steuergesetzgebung hat sich weiter verschärft....«

Nehmen wir an, wir würden die Abendnachrichten sehen und durch diese oder eine ähnliche Meldung aus unserem Fernsehsessel aufgeschreckt werden. Sofort würde man sich die Frage stellen: was können wir tun? Die Antwort auf diese Frage (bezogen auf die erste Meldung der Nachrichten) ist leicht: relativ wenig. Zur Zeit gibt es kein Abwehrsystem (daß irgendwo auf der Welt ein geheimes Abwehrsystem vorhanden ist, kann ausgeschlossen werden) und es wird sich ein solches kaum in wenigen Jahren entwickeln lassen. Doch wir können schon heute an diesem Problem arbeiten und uns mit umfassenden Planungen darauf vorbereiten. Dies wird in ei-

nem Ernstfall wertvolle Zeit sparen. Wie dies geschehen kann, wird nachfolgend dargestellt.

Zerstörung oder Ablenkung?

Nehmen wir den Fall an, daß man einen NEO auf Kollisionskurs mit der Erde entdeckt. Nun gibt es prinzipiell zwei Möglichkeiten, um einen Impakt zu vermeiden:

1. man kann den NEO zerstören, so daß die Trümmer der Erde nicht mehr gefährlich werden können, oder

2. ihn auf eine ungefährliche Bahn umzulenken, so daß er an der Erde vorbeifliegt.

Eine Sprengung ist aber nur bei kleinen NEOs bis vielleicht 100 oder 200 Metern Durchmesser sinnvoll, weil man sonst keine Garantie hätte, daß die Trümmer nicht ihrerseits noch gefährlich groß wären. Die maximale NEO-Größe, gegen die unsere Atmosphäre noch einen ausreichenden Schutz bietet, ist abhängig von der Zusammensetzung der NEOs. Während die relativ leichten und zerbrechlichen Kometen mit Durchmessern von bis zu 50 oder 100 m so hoch in der Atmosphäre explodieren, daß sie am Boden keine Schäden anrichten, so sinkt die tolerierbare NEO-Größe bei Steinasteroiden auf etwa 30 m ab. Die seltenen Eisen-Nickel-Asteroiden erreichen auch bei wenigen Metern Durchmesser fast ungebremst den Erdboden. So wurde der 1,2 km weite Meteor Crater in Arizona durch den Einschlag eines nur 30 m großen Eisen-Nickel-Asteroiden gebildet. Eine Zerstörung zu kleinsten Stücken, zu Staub oder eine Verdampfung ist derzeit wegen des riesigen Energiebedarfs unmöglich.

Ein anderer Vorschlag sieht vor, viele kleine Impaktoren (sie werden später genauer beschrieben) gleichzeitig und mit hoher Geschwindigkeit auf den NEO treffen zu lassen. Dadurch soll der NEO völlig zerstört werden. Das ist aber nur bis zu einer Größe von einigen Dutzend Metern anzunehmen, bei größeren NEOs wird vermutlich nur die Oberfläche bis in eine gewisse Tiefe zertrümmert werden. Dieser Vorgang sollte deswegen mehrere Male wiederholt werden, bis der NEO ganz zerstört ist. Um die Impaktoren in einem optimalen Abstand voneinander zu halten, wird vorgeschlagen, diese mit einem Gitter zu verbinden. Ob dieses System funktioniert ist fraglich, denn es müssen für nachfolgende Impaktoreinschläge die zuvor produzierten Trüm-

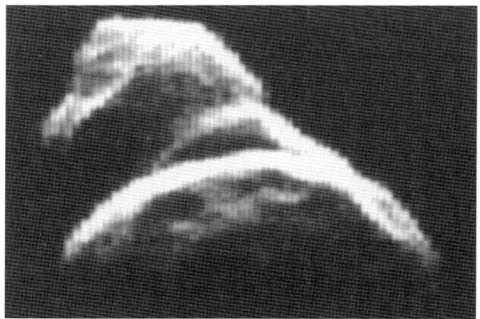
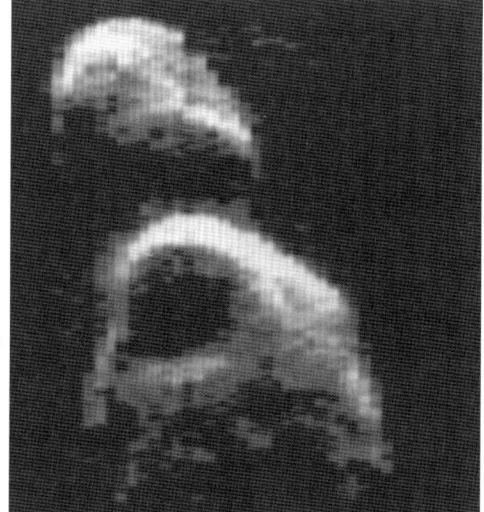
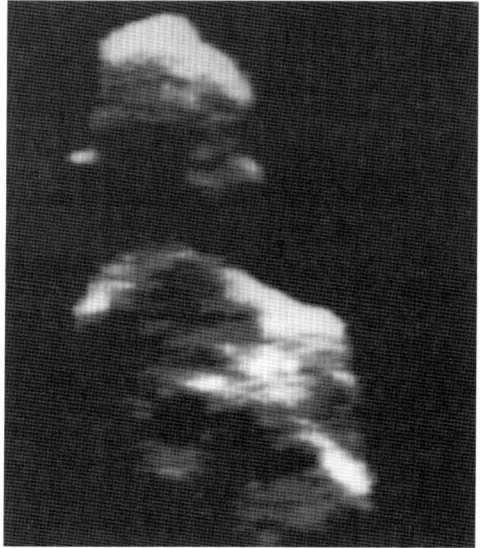
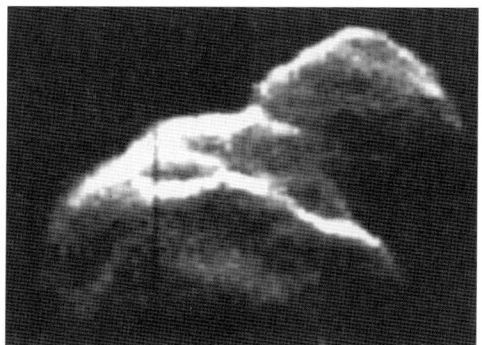

mer beseitigt werden, um den Impaktoren nicht im Wege zu sein. Versuche an ungefährlichen Objekten müssen zeigen, ob die Zerstörung von NEOs machbar und sinnvoll ist.

Eine Umlenkung eines NEOs ist die zweite Alternative. Doch wie kann man einen NEO auf eine andere Bahn bringen? NEOs bewegen sich auf mehr oder weniger elliptischen Orbits um die Sonne, und schon ein einziger Kick (»Impulsübertragung« genannt) ändert die Bahnparameter – durch die Impulsrichtung kann man die Bahn unterschiedlich beeinflussen. Die am einfachsten durchzuführende Abwehrmethode ist es, dem NEO einen genau dosierten Kick in eine gewünschte Richtung zu übertragen, der so gewählt ist, daß er an der Erde vorbeifliegt. Wenn man den kommenden Einschlag rechtzeitig erkannt hat und schon einige Jahre im Voraus das Abwehrmanöver durchführt, so reicht eine Än-

Der Asteroid Toutatis konnte bei einem Vorbeiflug an der Erde in mehrfacher Mondentfernung auch mit einem Radarteleskop beobachtet werden. Die Echos der Radarsignale wurden aufgefangen und analysiert. Aus den Meßergebnissen konnte unter Leitung des US-Wissenschaftlers Dr. Steven Ostro mit einem Computerprogramm ein dreidimensionales Bild von Toutatis erstellt werden.

derung der NEO-Geschwindigkeit im Bereich von nur wenigen cm/s aus, um den NEO in einer Entfernung an unserem Heimatplaneten vorbeizulenken, die mehreren Erddurchmessern entspricht.

Es ist auch denkbar, den NEO so umzulenken, daß er auf einem anderen Himmelskörper, wie dem Mond, einschlägt. Doch dafür muß sich der Mond oder Planet an einer günstigen Stelle befinden, so daß man durch eine kleine Bahnänderung des NEO einen gezielten Absturz bewirken kann – dies ist aber meistens nicht der Fall. Eine Variante dieser Idee wird als kosmisches Billard bezeichnet. Bei diesem Verfahren soll ein kleiner ungefährlicher NEO durch ein Abwehrsystem auf eine solche Bahn gebracht werden, daß er mit dem eigentlich gefährlichen NEO zusammenstößt und ihn von seinem Kollisionskurs abbringt. Das Problem an dieser Methode ist, daß meistens kein kleiner NEO auf einer günstigen Bahn zur Verfügung steht. Außerdem ist es nicht abschätzbar, ob man den kleinen NEO tatsächlich so genau steuern kann, daß er den gefährlichen NEO auch trifft. Es ist ferner denkbar, falls man NEOs in eine hohe Erdumlaufbahn einfangen könnte und deren Rohstoffe dort abbauen würde, die verbleibende »Abraumhalde« (ein Haufen nicht nutzbarer Gesteine) als Schutzschild zu verwenden.

Dazu müßte man die Bahn eines dieser eingefangenen NEOs nur leicht ändern, so daß er mit dem gefährlichen NEO kollidiert. Auch hier besteht das Steuerungsproblem und außerdem erfolgt die Kollision in unmittelbarer Nähe der Erde, so daß ein Trümmerregen zu befürchten wäre. Eine weitere Methode ist die Umlenkung des NEO auf eine neue Bahn, die innerhalb oder außerhalb der Erdbahn liegt und somit eine Kollision unmöglich macht. Dafür sind jedoch Änderungen der NEO-Geschwindigkeit in der Größenordnung von einigen km/s notwendig, was in Anbetracht der riesigen NEO-Masse heutzutage unmöglich ist. Um ein NEO gar aus dem Sonnensystem heraus katapultieren zu wollen, müßte man noch höhere Geschwindigkeitsänderungen bewirken – mit heutigen Mittel völlig ausgeschlossen.

Wann und wo man am besten einen Impuls auf den NEO überträgt, muß aber im Einzelfall ermittelt werden. Ein wichtiger Faktor ist die Zeit zwischen Entdeckung und Einschlag, denn man muß das Abwehrsystem bauen, starten und erfolgreich einsetzen. Je früher man den Impuls auf den NEO überträgt, um so größer ist die Entfernung, in der er an der Erde vorbeifliegen wird. Hat man viele Jahrzehnte zur Verfügung, so könnte man auch kilometergroße NEOs ablenken. Sind es nur noch einige Monate, so kann man nichts mehr unternehmen, denn solange braucht durchschnittlich das Abwehrsystem für seinen Weg zum Ziel. Kurzum: je mehr Zeit man hat, um so weniger Energie benötigt man.

Abwehrsysteme heute und in der Zukunft

Die erste wissenschaftliche Untersuchung von NEO-Abwehrmöglichkeiten fand 1967 am renomierten Massachusetts Institute of Technology (M.I.T.) in den USA statt. Man untersuchte, wie man einen Einschlag des bei einem nahen Vorbeiflug an der Erde 1949 entdeckten Asteroiden Icarus verhindern kann. In der als Studentenprojekt unter Leitung von Louis Kleiman durchgeführten Studie wurde festgestellt, daß große Wasserstoff-Bomben genügend Energie freisetzen könnten, um Icarus aus seiner Bahn zu lenken, falls dies notwendig werden sollte. Man war damals aber nicht sehr beunruhigt, da nur eine Handvoll erdnaher Asteroiden bekannt waren. Wir kennen heute über 730 NEOs und wie wir gesehen haben, schätzt man die Zahl der erdnahen Asteroiden größer als 100 Meter auf 150.000 bis 600.000 Stück (im Mittel 300.000) – die Kometen noch nicht eingerechnet!

Viel wichtiger ist aber die Frage, welches Abwehrsystem überhaupt eingesetzt werden kann, und dies in doppelter Hinsicht. Erstens muß die erforderliche Technologie bereits vorhanden sein. Zweitens muß sicher sein, daß das Abwehrsystem auch wie gewünscht funktioniert, so darf ein NEO nicht zerstört werden, wenn man ihn ablenken will. In dem Kinofilm »Deep Impact« hatte man mit diesem Problem zu tun, versehentlich sprengte man dort einen Kometenkern bei dem Versuch, ihn auf eine andere Bahn zu lenken. Die im Kinofilm »Armageddon« gezeigte Teilung eines Asteroiden durch einen Nuklearsprengsatz in zwei gleiche Hälften ist unmöglich – oder haben Sie schon einmal einen Apfel mit einem Hammerschlag sauber in zwei Teile geschnitten?

Alles in allem lassen die heutigen technischen Möglichkeiten nur drei Abwehrsysteme zu: 1. einen Standard-Raketenmotor, 2. einen Impaktor, oder 3. einen nuklearen Sprengsatz. Alle anderen Methoden sind noch Zukunftsmusik.

Raketenmotor

Ein Abwehrsystem mit einem konventionellen Raketenmotor, wie er z.B. im Space Shuttle oder der Ariane-Trägerrakete verwendet wird, gibt dem NEO eine zusätzliche Quergeschwindigkeit, so daß er die Erde verfehlt. Man kann dies vergleichen mit einem Fußball, der auf das Tor zufliegt und den der Torwart noch mit den Fin-

Als Beispiel für einen konventionellen Raketenmotor ist hier das amerikanische J-2 Triebwerk abgebildet, welches in der 2. Stufe der Saturn V verwendet wurde. Zum Größenvergleich daneben der Autor dieses Buches. Das Triebwerk wird an der Technischen Hochschule Mittweida/Sachsen ausgestellt.

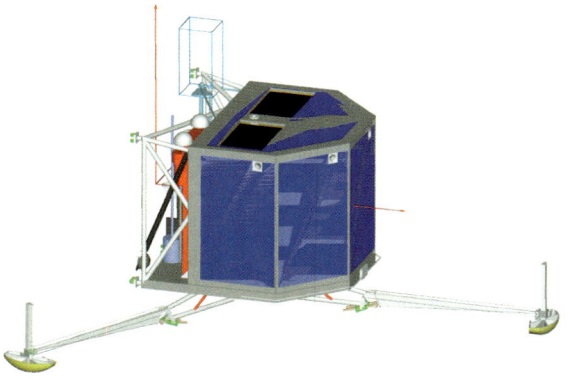

Der Kometenlander Roland wird unter Leitung des DLR in Köln entwickelt. Er wird im Jahre 2003 von der europäischen Raumsonde Rosetta zum Kometen Wirtanen gebracht werden, soll dort im Jahre 2011 landen und unterschiedliche Messungen durchführen.

gerspitzen erreicht. Dadurch gibt er dem Ball ebenfalls eine Quergeschwindigkeit mit, und wenn sie groß genug war, verfehlt der Ball das Tor. Ein Raketenmotor hat den Vorteil, daß man die Technologie beherrscht und so relativ leicht ein Abwehrsystem bauen könnte. Ein weiterer Vorteil ist, daß er in nur wenigen Minuten seinen gesamten Treibstoff verbrennt und somit Zeit spart.

Raketenmotoren haben aber den Nachteil, daß man auch den Treibstoff von der Erde mit zum NEO transportieren muß. Da die Nutzlastmenge derzeitiger Trägerraketen (wie Ariane 5, Space Shuttle, Proton, usw.) auch zusammengenommen nicht sehr hoch ist, kann man mit diesem Abwehrsystem nur wenig »bewegen«. Man muß auch bedenken, daß ein Raketenmotor auf dem NEO landen und dort befestigt werden muß. Da Asteroiden und Kometen nur eine sehr niedrige Schwerkraft aufweisen, sollte man besser von andocken als von landen sprechen. Der Kometen-

lander Roland soll darum eine Harpune auf die Kometenoberfläche schießen, um sich so festzuhalten.

Dafür ist es erforderlich, daß man das Abwehrsystem auf Landegeschwindigkeit abbremst, was wiederum Treibstoff kostet, der bei der eigentlichen NEO-Abwehr fehlt. Eine mögliche Gewinnung von Treibstoff auf dem NEO ist nicht bei allen Objekten möglich und derzeit technisch noch nicht durchführbar. Eine solche Anlage wäre vermutlich so komplex, daß man Astronauten bräuchte, die dieses Abwehrsystem aufbauen und betreiben müßten. Fazit ist, daß man heutzutage Raketenmotoren nur für kleinere NEOs (bis wenige 100 m) bei langer Vorlaufzeit (viele Jahre) einsetzen kann und daß sie kilometergroße NEOs nicht abwehren können.

Impaktor

Deutlich leistungsstärker als ein Raketenmotor ist ein Impaktor. Dies ist eine Raumsonde, die mit hoher Geschwindigkeit von einigen km/s auf den NEO trifft. Dabei wandelt der Impaktor seine Bewegungsenergie schlagartig um – und explodiert. Der Impaktor wird in kleinste Stücke zerrissen, ebenso wie das NEO-Material in der Nähe, und es bildet sich ein Krater. Die Trümmer werden fortgeschleudert und der restliche NEO erhält einen entsprechenden Impuls in die entgegengesetzte Richtung, wodurch er seine Bahn ändert. Impaktoren können einen bis zu 100-fach höheren Impuls als chemische Antriebe bei gleicher Masse auf den NEO übertragen.

Erwägt man den Einsatz eines Impaktor-Abwehrsystems, so hat man das Problem, die Kraterbildung beim Einschlag nicht genau aus den Versuchen auf der Erde mit Schwerkraft auf die fast schwerelose Umgebung der NEOs übertragen zu können. Mit einem genaueren Wissen über diese Vorgänge könnte man die Auswurfmasse und -geschwindigkeit optimieren, d.h. den übertragenen Impuls erhöhen. Die geplante Raumsonde Clementine-2 sollte bei ihren Asteroidenvorbeiflügen mehrere Impaktoren abwerfen und aus sicherer Entfernung deren Einschlagverhalten beobachten. Allerdings wurde die Finanzierung durch ein Veto des US-Präsidenten Bill Clinton gestoppt und das Clementine-2 Projekt somit beendet. Inzwischen gibt es eine Studie zu einer anderen Raumsonde, genannt »Deep Impact« – nicht zu verwechseln mit dem gleichnamigen Kinofilm – die einen Impaktor auf einem Kometen einschlagen lassen soll. Aus solchen Versuchen kann man aber nicht nur Impaktoren verbessern, sondern auch Forschung betreiben, denn das vom Impaktor aus dem Inneren des Kometen ausgeschleuderte Material kann von der restlichen Raumsonde aus beobachtet und analysiert werden. Man erhofft sich so wichtige Aufschlüsse über den inneren Aufbau der Kometen.

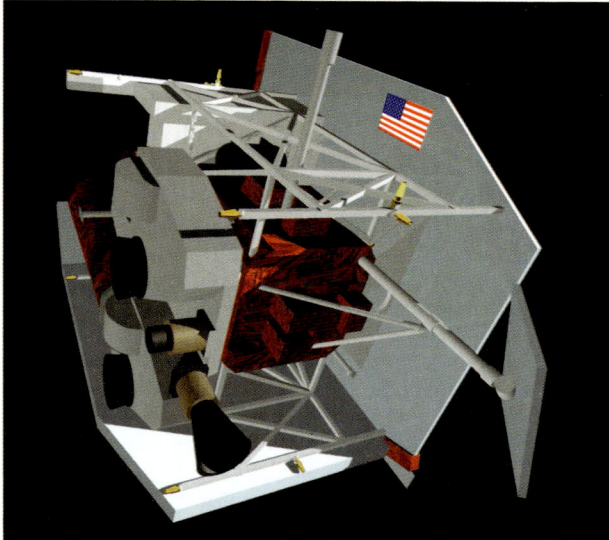

Zeichnung der geplanten Raumsonde Deep Impact, die einen Impaktor auf einem Kometen einschlagen lassen soll.

Explosion eines nuklearen Abwehrsystems in der Nähe eines Asteroiden, um diesen von seiner Kollisionsbahn mit der Erde abzubringen. Eine Zündung in der Nähe der Erde, wie hier gezeigt, würde nur als letzte Möglichkeit in Betracht kommen. Das Abwehrmanöver Jahre früher durchgeführt, hätte nur ein Bruchteil der Energie benötigt und die Erfolgschancen erhöht.

Nuklearsprengsatz

Ähnlich, aber nochmals deutlich stärker, wirkt sich die Explosion eines Nuklearsprengsatzes auf einen NEO aus. Der Impuls von einem nuklearen Abwehrsystem kann bis zu 100.000-fach höher sein als bei einem Raketenmotor, denn der Energiegehalt ist bei Nuklearsprengsätzen um Größenordnungen höher als derjenige von chemischen Treibstoffen.

Der Einsatz könnte folgendermaßen vonstatten gehen: man transportiert mittels einer Raumsonde einen solchen Sprengsatz zu einem NEO. Dann wird der Sprengsatz in geringer Entfernung zum NEO gezündet und der Explosionsblitz erhitzt einen Teil des Oberflächengesteins. Dieses wird dadurch sehr plötzlich und sehr stark erhitzt, dehnt sich somit aus und platzt ab. Das abgeplatzte Material und der restliche NEO entfernen sich voneinander, beide auf einer neuen Bahn. Der Sprengsatz kann aber auch auf der NEO-Oberfläche abgesetzt und zum gewünschten Zeitpunkt gezündet werden. Durch die Explosion bildet sich ein Krater, wodurch ebenfalls Material weggeschleudert wird, was eine Bahnänderung bewirkt. Als dritte Variante ist eine Zündung in einer optimalen Tiefe unter der Oberfläche möglich, wodurch eine nochmals effektivere Bahnänderung erreicht werden kann.

Es wurden in einigen Ländern Versuche mit Impaktoren und Nuklearsprengsätzen durchgeführt, aber die Ergebnisse lassen sich nicht perfekt auf NEOs übertragen, da auf der Erde die Gravitation die Kraterbildung beeinflusst, und ein NEO fast keine Schwerkraft besitzt. Daher sind Tests nötig, doch Stationierung und Zündung von Nuklearsprengsätzen im Weltraum sind aus gutem Grund durch internationale Verträge verboten. Man könnte zwar eine Ausnahme für NEO-Abwehrsysteme vereinbaren, aber in gewissem Umfang kann die Kraterbildung auch durch Impaktoren bestimmt werden.

Ein generelles Problem, das NEO-Abwehrsysteme mit Impaktoren und Sprengsätzen betrifft, wurde durch eine 1998 von dem amerikanischen Wissenschaftler Dr. Erik Asphaug vorgestellte Impakt-Simulation verdeutlicht. Er ließ in seiner Computersimulation einen nur 8 m großen aber 5 km/s schnellen Asteroiden auf einen 1 km großen Asteroiden prallen, um die Folgen von Kollisionen unter den Asteroiden im Asteroidengürtel zu bestimmen. Dieser Aufprall entspricht der

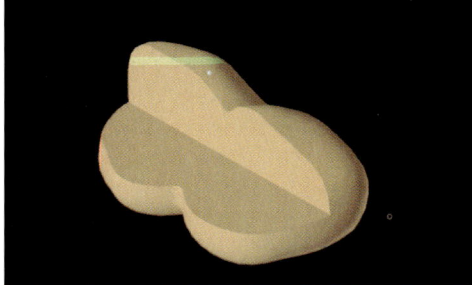

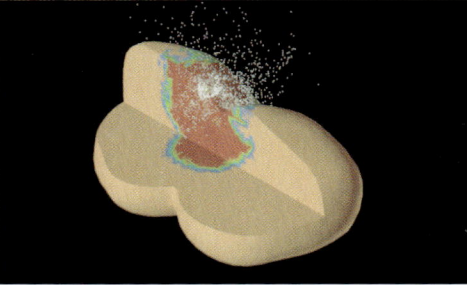

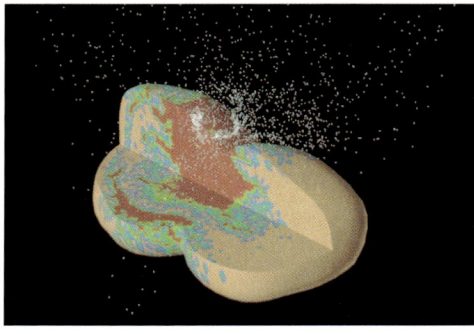

Der amerikanische Wissenschaftler Erik Asphaug führte eine Computersimulation zum Verhalten eines 1 km großen Asteroiden bei einer Kollision mit einem nur 8 m messenden Asteroiden durch. Die Bildsequenz zeigt einen Teilschnitt durch den Asteroiden, der in seiner Form dem Asteroiden Castalia entspricht. Asphaug nahm für diese Berechnung an, daß der Asteroid ein einheitlicher Gesteinsbrocken sei. Er fand heraus, daß diese Kollision bei einer Geschwindigkeit von 5 km/s ausreicht, um Castalia in weiten Bereichen zu zertrümmern. Dies läßt den Schluß zu, daß viele Asteroiden bereits zertrümmert sind (»fliegende Geröllhaufen«) und daß ein Abwehrsystem mit explosionsartiger Energieübertragung einen NEO vermutlich ungewollt zerstören kann. In einer weiteren Simulation nahm er an, daß der Asteroid bereits zertrümmert ist und erhielt als Ergebnis, daß sich dann die meiste Aufschlagsenergie im Inneren des großen Asteroiden verteilen und in Wärme umwandeln würde. Bei einem Abwehrmanöver hätte dies zur Folge, daß die meiste Energie wie bei einem Schlag in einen Sandsack verpuffen und sich die Bahn des NEO kaum ändern würde.

Wirkungsweise eines Impaktors und ist auch mit der Explosionswirkung eines Sprengsatzes vergleichbar. Asphaug berücksichtigte in seiner Simulation, daß NEOs nicht nur als massive Felsbrocken anzusehen sind, sondern daß sie durchaus wegen früherer Kollisionen inzwischen nur noch ein Haufen kleinerer Felsen sein können, der durch seine schwache Schwerkraft zusammenhält. Das Resultat seiner Untersuchungen war ernüchternd: ist der NEO ein einheitlicher Felsbrocken, so kann ihn eine Explosion ungewollt zerbrechen, wie ein Hammerschlag auf eine Glasflasche. In der Simulation zeigte sich, daß der getroffene NEO in mehrere große und zahllose kleine Trümmer auseinanderbrechen würde. Diese großen Trümmer müssen unbedingt vermieden werden, da sie auch die Erde treffen können und immer noch groß genug sind, um dort Schäden anzurichten. Ist der NEO nur eine Ansammlung von Gesteinsbrocken, so würde die meiste Energie in seinem Inneren geschluckt werden, wie ein Schlag gegen einen Sandsack. Der NEO würde sich nur wenig fortbewegen. Diese Simulation hat gezeigt, wie wichtig es ist, den Aufbau der NEOs bei der Auswahl eines Abwehrsystems zu berücksichtigen. Sie zeigt auch, daß noch viel Forschungsarbeit nötig ist, um ein funktionierendes Abwehrsystem zu entwickeln. Abhilfe könnte ein System schaffen, das ähnlich wie ein Airbag die wirkende Kraft auf eine größere Fläche verteilt und so ein Auseinanderbrechen des NEO vermeidet.

Bei Abwehrsystemen mit nuklearen Sprengsätzen ergeben sich systembedingt eine ganze Reihe von Problemen und Gefahren, so für Gesundheit und Umwelt beim Umgang mit radioaktivem Material. Zur Vermeidung von Versuchen mit Nuklearsprengsätzen im Weltraum könnten Ergebnisse aus Impaktorversuchen, entsprechend modifiziert, verwendet werden. Doch kann es bei einem Einsatz von Nuklearsprengsätzen zur NEO-Abwehr zu einer Verseuchung der Erde mit radioaktiven Explosionsresten kommen? Die Antwort darauf ist beruhigend. Betrachtet man den allgemeinen Fall einer NEO-Abwehrmission, so wird das Abwehrmanöver höchstwahrscheinlich nicht in der Nähe der Erde stattfinden, wodurch die Erde auch keine Radioaktivität abbekommen wird. Der solare Lichtdruck und der Sonnenwind treiben ohnehin kleinste Staubpartikel von der Sonne, und damit auch

von der Erde weg in die äußeren Bereiche des Sonnensystems. Verglichen mit der Strahlungsumgebung durch Sonne und Sterne fällt die Strahlung durch den Sprengsatz ohnehin nicht auf. Würde der Sprengsatz doch in der Nähe der Erde gezündet werden müssen, so brauchen wir auch nicht besorgt sein, da auch dann nur ein kleiner Teil der radioaktiven Teilchen von der Erde eingefangen werden würde. Vergleicht man diese Strahlenmenge mit dem, was in den 40er, 50er und 60er Jahren bei Atombombentests in der Atmosphäre freigesetzt wurde, so fällt auch dies nicht mehr auf. Und selbst wenn man geringe Folgen nachweisen könnte, so stehen diese in keinem Verhältnis zu den vermiedenen Schäden aller Art, die man durch die Abwendung einer weltweiten Katastrophe erzielen würde.

In der Zukunft sind weitere Abwehrsysteme denkbar, doch diese Systeme übertreffen die Energiedichte nuklearer Sprengsätze nicht, obwohl einige den chemischen Antrieben oder Impaktoren überlegen sind. Wenn genügend Zeit zur Verfügung steht, kann bei kleineren NEOs auf diese Sprengsätze zugunsten nicht-nuklearer Abwehrsysteme verzichtet werden.

Beschuß mit Laser oder Teilchenstrahl

Diese Ideen stammen aus der Zeit des kalten Krieges und waren dafür gedacht, feindliche Satelliten oder Raketen zu zerstören. Um einen Asteroiden oder Kometen umzulenken, müßten solche Laser- oder Teilchenkanonen riesige Ausmaße (hunderte Meter große Spiegel) haben und würden eine gigantische Energiemenge benötigen, soviel wie mehrere irdische Großkraftwerke gemeinsam produzieren. Außerdem müßte der Strahl extrem genau auf den viele Millionen Kilometer entfernten NEO ausgerichtet werden, um ihn überhaupt zu treffen. Ein solches System würde noch sehr viel Entwicklungsarbeit und Kosten erfordern und ist daher für die nächsten Jahrzehnte nicht zu erwarten.

Laser-Antriebe

Bei einem Laser-Antrieb wird der Treibstoff durch einen Laserstrahl erhitzt und so im Triebwerk beschleunigt. Der Laserstrahl muß vorher mit einem Spiegelsystem auf das Triebwerk gerichtet und gebündelt werden. Die Probleme bezüglich der Laserquelle sind die gleichen wie bei einem Laser-Beschuß und zudem muß noch ein

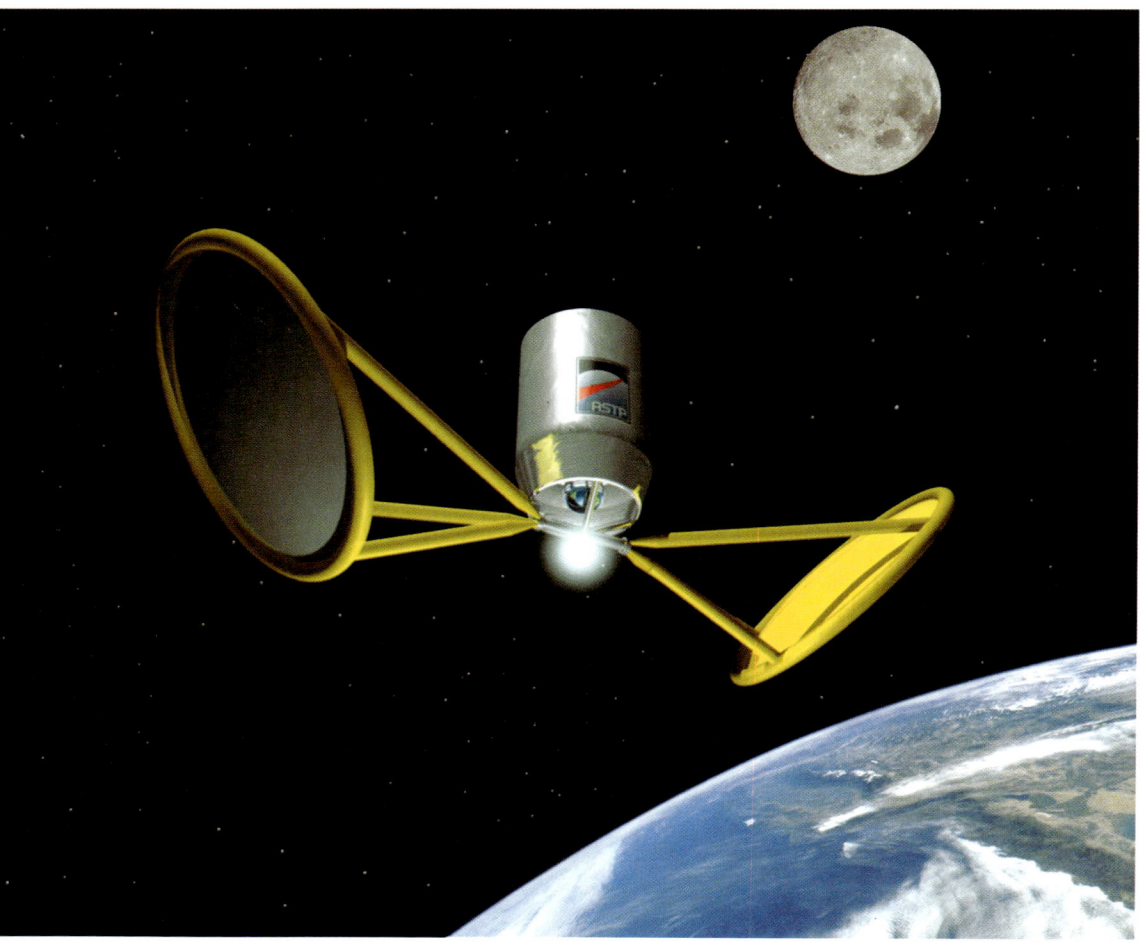

Triebwerk mit Spiegeln und Treibstoffen zum NEO gebracht werden. Selbst wenn man NEO-Material (z.B. Kometeneis) als Treibstoff nehmen würde, wäre ein solcher Antrieb aus heutiger Sicht für eine Abwehr-Mission nicht anwendbar, da eine Treibstoffgewinnung sehr aufwendig und zeitraubend wäre. Vielleicht ist es irgendwann möglich, mit Robotern NEO-Material an der Oberfläche abzutragen, es in seine Bestandteile zu zerlegen, die als Treibstoff nutzbaren Bestandteile auszusortieren und für das Antriebssystem zu verwenden.

Massenbeschleuniger
Ähnlich dem Antriebsprinzip der Magnetschwebebahnen werden mit einem Massenbeschleuniger (englisch: mass-driver) kleine Materiestücke von mehreren Kilogramm auf einige km/s be-

Ein Solar-Thermischer Antrieb nutzt die Sonnenstrahlung zur Erhitzung des Treibstoffs. Dazu wird das Sonnenlicht hier mit zwei Spiegeln gebündelt. Eine Weiterentwicklung ist die Vergrößerung der Spiegel auf mehrere dutzend Meter Durchmesser, um das gebündelte Sonnenlicht auf einen NEO zu lenken und so Oberflächenmaterial zu verdampfen. Dies würde wie ein Raketenmotor wirken und einen Schub erzeugen.

schleunigt. Beschleuniger und Massestück stoßen sich beim Beschleunigen voneinander ab und der Beschleuniger überträgt diese Bewegung auf den NEO, auf dem er fest verankert ist. Der physikalische Grundsatz der Impulserhaltung ist hier deutlich zu erkennen. Dieser besagt, daß der Impuls eines Systems konstant ist. Wenn man das System teilt (NEO und Massestück), dann sind die Impulse (= Masse mal Geschwindigkeit) der beiden Teile zusammen genau so groß, wie der ursprüngliche Impuls des gesamten Systems. Während sich das kleine Massestück sehr schnell wegbewegt, wird der sehr viel schwerere NEO nur minimal in die andere Richtung beschleunigt. Wiederholt man aber dieses Abschießen der Massestücke sehr oft und in kurzen Zeitabständen, so ergibt sich in der Summe mit der Zeit eine höhere Geschwindigkeit des NEO. Typischerweise müßte ein Massenbeschleuniger über Wochen und Monate betrieben werden, was nur bei langen Vorwarnzeiten möglich ist. Zudem ergibt sich durch die vielen Massestücke auch eine gewisse Verschmutzung des Weltraums, was bei einer Kollision dieser Stücke mit Satelliten oder Raumschiffen zu deren Zerstörung führen würde. Ein weiteres Problem ist der Aufbau des komplizierten Beschleunigersystems, mit einem Kraftwerk zur Stromerzeugung und Anlagen zur Herstellung der Massepakete. Vermutlich sind Astronauten für solche Arbeiten notwendig. Mit heutiger Technologie ist dieser Antrieb noch nicht einsetzbar.

Sonnenspiegel

Das System des Sonnenspiegels bündelt das Sonnenlicht mit einem Hohlspiegel und lenkt es auf einen Punkt der NEO-Oberfläche. Bei Temperaturen von einigen 1.000 Grad Celsius verdampft NEO-Material und erzeugt einen Schub, wie ein Raketenmotor. Um Gewicht zu sparen, könnte ein solches Spiegelsystem auf einem Sonnensegel aus dünner Folie basieren. Der Spiegel würde rotieren, um seine Form zu erhalten und müßte durch ein Steuerungssystem immer in der Nähe des NEO gehalten werden.

Der Sonnenspiegel müßte über Wochen und Monate betrieben werden, falls soviel Zeit zur Verfügung steht. Der Vorteil gegenüber einem Laserantrieb ist, daß man keine komplexe und teure Laserstation, kein Triebwerk und keinen Treibstoff benötigt – man verwendet das Sonnenlicht und das Material des NEO. Nachteil ist, daß dieses System nur in Sonnennähe gut funktioniert.

Elektrische und Plasma-Antriebe

Elektrische und Plasma-Antriebe beschleunigen geladene Teilchen in elektromagnetischen Feldern. Diese werden schon auf Raumflugmissionen wie Deep Space-1 eingesetzt, haben aber nur einen geringen Schub und müssen daher über

Die US-Raumsonde Deep Space-1 benutzt einen Ionenantrieb. Ionenantriebe sind schon seit den 6oer Jahren in Entwicklung, haben aber nur einen geringen Schub und müssen darum über Monate und Jahre betrieben werden.

Wochen, Monate oder Jahre ununterbrochen betrieben werden. Sie haben einen hohen Energiebedarf und wegen des monate- und jahrelangen Dauerbetriebs sind sie auch für Störungen anfällig. Auch wenn sehr viele Einzelantriebseinheiten zusammengefügt würden, sind die elektrischen Antriebe für den Einsatz auf einer NEO-Abwehrmission nicht stark genug. Um dies zu erreichen müßte ein Großkraftwerk mitfliegen, was aber viel zu schwer wäre.

Sonnensegel

Sonnensegel bestehen aus einem leichten Gestell, das mit einer sehr dünnen Folie bespannt ist, ähnlich einem Regenschirm, nur viel leichter. Sie sind nur in Sonnennähe effektiv wirksam, da sie den Druck des Sonnenlichtes auf die Segelfläche als Schub nutzen. Wegen der Atmosphäre funktioniert dieser Antrieb nicht auf der Erde, sondern nur im luftleeren Weltraum. Sonnensegel von einigen 100 Quadratmetern Fläche können nur eine Nutzlast von wenigen Kilogramm befördern und brauchen dafür viele Monate oder Jahre Zeit. Um einen NEO von einer Kollisionsbahn mit der Erde abzubringen, müßte man viele tausend Quadratkilometer große Segel zur Ver-

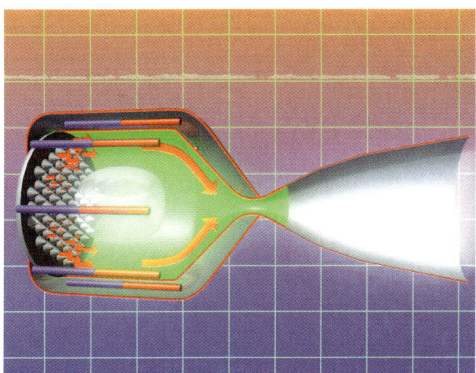

**Zeichnung eines nuklearen Antriebskonzeptes. Dabei
soll ein radioaktives Plasma im Inneren des Triebwerks
festgehalten werden und durchströmendes
Wasserstoffgas erhitzen, das dann durch die Düse
ausströmt und einen Schub erzeugt. Dieses Konzept
wurde auch wegen der hohen
Sicherheitsanforderungen noch nie getestet.**

fügung haben, diese am NEO befestigen und
auch über lange Zeit (viele Jahre bis Jahrzehnte)
betreiben. Diese riesige Segelfläche ist auch ein
Herstellungsproblem. Alles in allem erscheint
dieses Abwehrsystem zu uneffizient und zu komplex. Eine Variante des Sonnensegels wäre es, die
NEO-Oberfläche mit einer das Sonnenlicht re-
flektierenden Schicht zu versehen. Dies könnte
eine Folie oder eine Beschichtung sein. Aber da
ein Sonnensegel ohnehin meist um ein vielfaches
größer als der NEO sein müßte, um einigerma-
ßen wirksam zu sein, ist diese Methode sogar
noch aussichtsloser.

Nukleare Antriebe
Nukleare Antriebe nutzen die bei der Kernspaltung entstehende Wärme zur Aufheizung des
Treibstoffes, der dann als Gas aus einer Raketen-
düse ausströmt. Nukleare Festkernantriebe, mit
einem Block aus festem radioaktiven Material,
wurden zwar in den 50er bis 70er Jahren getestet,
aber die Entwicklung wurde aus verschiedenen
Gründen, so auch wegen der Umweltverschmut-
zung bei den Tests eingestellt. Sie sind also zur
Zeit nicht verfügbar und bringen gegenüber den
chemischen Antrieben effektiv nur eine Ver-
dopplung oder Verdreifachung der Leistung –
immer noch zu wenig für eine schnelle NEO-Abwehr. Versuche mit flüssigem oder gasförmigem
Nuklearmaterial wurden noch nie durchgeführt.

**Ein Plasmaantrieb, wie hier als Studie für einen
Raumschiffantrieb dargestellt, scheint kaum
zur NEO-Abwehr geeignet, weil er hohe
Energiemengen benötigt und der Treibstoff von
der Erde mitgebracht werden muß.**

Futuristische Abwehrsysteme

Für die sehr ferne Zukunft sind auch einige Abwehrsysteme denkbar, wie sie unter anderem 1992 auf dem Near-Earth-Object Interception Workshop oder in einer Studie der US Air Force vorgestellt wurden. Man kann den Eindruck haben, daß sich die US Air Force verpflichtet fühlt, die USA auch gegen Gefahren aus dem All zu schützen, obwohl sie dies offiziell verneint.

Solche futuristischen Abwehrmethoden könnten Gravitationsfeldänderungen, Materie-Antimaterie-Antriebe und Supermagnetfelder sein, um NEOs aus ihrer Bahn zu lenken. Da die Frage, wie die Gravitation funktioniert, derzeit immer noch unbeantwortet ist, kann man auch kein Abwehrsystem kontruieren, daß ein Gravitationsfeld ändern soll, um die NEO-Bahn zu verändern. Materie-Antimaterie-Antriebe beziehen ihre Energie aus der Zerstrahlung gegensätzlich geladener Kernteilchen. Bisher kann man aber Antimaterie nicht in der benötigten Menge von einigen Gramm herstellen und auch die Lagerung ist praktisch noch nicht erprobt worden. Dazu muß man die Antimaterie in einem Magnetfeld festhalten und das ganze muß sich in einem absoluten Vakuum befinden, damit die Antimaterie nicht mit Materie in Kontakt kommt.

Auch Supermagnetfelder können nicht beliebig erzeugt werden. Zudem müßte der NEO auch magnetisch sein, d.h. mit einem künstlichen Magnetfeld versehen werden, was einen extrem großen technischen Aufwand bedeutet. Um den NEO zu zerkleinern, könnte man sogenannte »eater« auf ihm absetzen. Diese biologischen, chemischen oder mechanischen NEO-Fresser würden den NEO zu einem Staubhaufen umwandeln, den man danach verteilen müßte, um die Einschlagsgefahr zu beseitigen. Denn auch ein kilometergroßer Staubhaufen wirkt wegen seiner hohen Geschwindigkeit fast so verheerend wie ein massiver NEO. Solche »eater« gibt es aber zur Zeit noch nicht. Ob, wie, wann und mit welchen Kosten solche Systeme zum Einsatz kommen könnten, läßt sich aus heutiger Sicht nicht abschätzen.

Der Raumfahrtpionier und Konstrukteur der Saturn V Mondrakete Wernher von Braun stellte frustriert über das schwindende Interesse der Öffentlichkeit an den späteren Mondlandungen fest: »Nichts erscheint selbstverständlicher, als eine verwirklichte Utopie!« So wird es eines Ta-

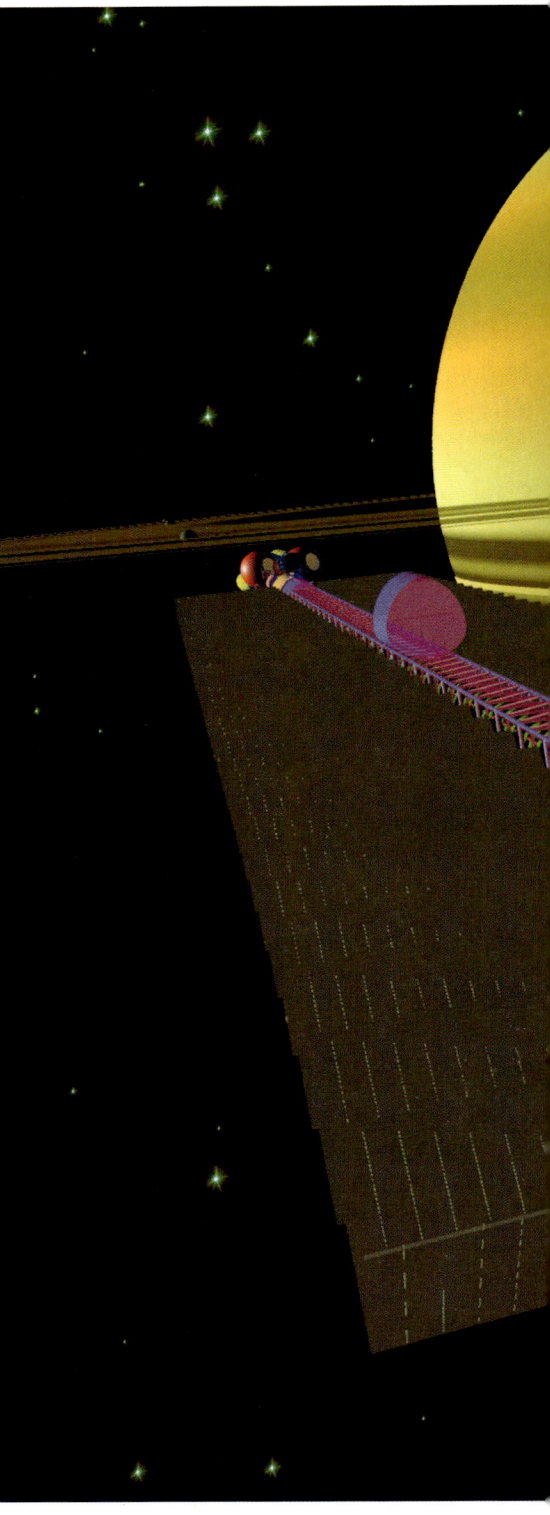

Der Fusionsantrieb nutzt die bei der Verschmelzung von zwei Wasserstoffatomen zu einem Heliumatom freiwerdende Wärme zur Erhitzung des Treibstoffes. Noch gibt es zu viele technische Probleme, um diese in der Sonne ablaufende Art der Energiegewinnung zu bauen.

Aktivität	Gesamtkosten	Nutzen
Umfassendes Suchprogramm mit 10 Jahren Dauer	100 Mio. Euro	• Vorbereitung von NEO-Abwehr und -Nutzung • wissenschaftliche Erkenntnisse
Erkundungsmissionen (ca. 20 nötig)	2 Mrd. Euro (je 100 Mio. Euro)	• Vorbereitung von NEO-Abwehr und -Nutzung • wissenschaftliche Erkenntnisse
Testmissionen (ca. 20 nötig)	5 Mrd. Euro (je 250 Mio. Euro)	• Vorbereitung von NEO-Abwehr und -Nutzung • wissenschaftliche Erkenntnisse
Großangelegte Abwehrmission	20 Mrd. Euro (ohne Kosten für Vorbereitung)	• Vermeidung eines NEO-Einschlages, dadurch Rettung von Millionen Menschenleben, unserer Zivilisation und unseres Lebensstandards

Tabelle: Geschätzte Kosten für Suchprogramme, Test-, Erkundungs- und Abwehrmissionen

ges auch mit neuen Technologien zur NEO-Abwehr sein. Das Problem ist nur, daß wir nicht wissen, wann sie verfügbar sein werden. Und solange nützt alles spekulieren nichts, wir müssen das nutzen, was uns jetzt zur Verfügung steht.

Ich plädiere an dieser Stelle nicht dafür, Raketen mit Atomsprengköpfen herzustellen und diese startbereit warten zu lassen, bis ein gefährlicher NEO gefunden wird. Meines Erachtens nach sollten heute alle Vorbereitungen getroffen werden, um auf einen gefährlichen NEO schnell und sicher reagieren zu können. Dafür ist es notwendig, optimale Abwehrstrategien für alle möglichen NEO-Größen und -Flugbahnen zu erarbeiten und geeignete NEO-Abwehrsysteme zu konzipieren. Man muß alle Pläne vorab ausarbeiten, um im Ernstfall wertvolle Zeit zu sparen.

Kosten und Nutzen

Um eine Abwehr erfolgreich durchführen zu können, ist es notwendig, sich darauf rechtzeitig einzustellen. Die Vorbereitung umfaßt neben der Suche nach NEOs auch die Erkundung von typischen NEOs und von potentiell gefährlichen Objekten (PHOs), sowie die Erprobung von vielversprechenden Abwehrsystemen.

In obiger Tabelle sind typische geschätzte Kosten und der zu erwartende Nutzen aufgeführt. Manche Kostenangaben in Euro wurden aus US$ berechnet. Der angenommene Wechselkurs beträgt bei allen Angaben in diesem Buch: 1 Euro = 1,15 US$.

Im Vergleich mit unserem eigenen Einkommen sind diese Zahlen sehr hoch. Aber andererseits bleibt das Geld auf der Erde und wird in Form von Löhnen an die beteiligten Mitarbeiter und in Form von Steuern an die beteiligten Staaten ausgezahlt. Nehmen wir an, eine großangelegte Abwehrmission kostet rund 20 Milliarden Euro und die zuvor durchgeführten Suchprogramme, Erkundungsmissionen und Tests noch einmal die Hälfte. Diese 30 Milliarden Euro auf die heutige Erdbevölkerung von etwa 6 Milliarden Menschen verteilt bedeutet eine Belastung pro Person von 5 Euro – recht preiswert für eine »aktive« Lebens(ver)sicherung. Diese Rechnung ist selbst dann noch äußerst günstig, wenn nur die etwa eine Milliarde Einwohner der reicheren Länder bezahlen sollten – dann also 30 Euro pro Kopf und Nase zur Vermeidung einer globalen Katastrophe.

Oft wird der Sinn und Zweck der Raumfahrt schlechthin in Frage gestellt. Wenn man auf den Nutzen der Kommunikations-, Wetter-, und Erdbeobachtungssatelliten einerseits und die Erkenntnisse durch Weltraum- und Grundlagenforschung andererseits verweist, erhält man zur Antwort, daß dies alles zuviel koste. Dabei wurden zwei wichtige Punkte übersehen: erstens gibt es in der Raumfahrt bereits kommerzielle Bereiche (z.B. Kommunikation und Trägerraketen), die seit Jahrzehnten gewinnbringend arbeiten, und zweitens muß bei den anderen Bereichen beachtet werden, daß man die Ausgaben immer im Verhältnis zu anderen Ausgaben betrachtet. Zum Vergleich, auch der oben genannten Einzel- und Gesamtkosten für NEO-Such- und Abwehrprogramme, wurden einige mehr oder weniger »wichtige« Kosten in der folgenden Tabelle aufgeführt. Sie, liebe Leserin und lieber Leser, können selbst entscheiden, an welchen Stellen Sie über die unterschiedliche Nützlichkeit der Aus-

Zusammenbau und Test der US-Raumsonde Stardust. Die Techniker tragen Schutzanzüge, um die Raumsonde nicht zu verschmutzen.

Vergleichsobjekt:	ungefähre Kosten [Euro]:
Umfassendes, 10 Jahre dauerndes **NEO-Suchprogramm** .	100 Millionen
Nachbau des **Hotels Adlon** am Brandenburger Tor in Berlin (1997), Finanzierung durch Investoren.	220 Millionen
Jahresumsatz an **Kerzen** in Deutschland (1998).	250 Millionen
Typisches großes **Bankengebäude** (Stuttgart, 1994).	450 Millionen
Entwicklung eines typischen **Kleinwagens** .	500 Millionen
Das deutsche **Raumfahrtbudget** (1998).	700 Millionen
Jährlich bezahlte **Parkgebühren** in Deutschland (1998).	1.800 Mio. (1,8 Milliarden)
Bau des **Euro-Tunnels** zwischen Frankreich und Großbritannien.	15.000 Mio. (15 Milliarden)
Jährliche Folgekosten durch **Übergewicht** in Deutschland (1998).	17.500 Mio. (17,5 Milliarden)
Geschätzte Gesamtkosten einer **NEO-Abwehrmission** mit Suchprogramm, Erkundungs- und Testmissionen.	30.000 Mio. (30 Milliarden)
Kosten für deutsche Volkswirtschaft 1998 durch **Staus** (Benzinverbrauch, Umweltverschmutzung, Arbeitszeitausfall, etc.).	100.000 Mio. (100 Milliarden)
Geschätzter Ausfall an Steuern und Sozialversicherungsbeiträgen durch **Schwarzarbeit** in Deutschland im Jahre 1998.	115.000 Mio. (115 Milliarden)
Geschätzte Gesamtkosten zur Behebung des **2000er-Computer-Problems** weltweit.	550.000 Mio. (550 Milliarden)

Tabelle: Vergleich verschiedener Kosten mit einer NEO-Abwehrmission

gaben für das Wohl der Allgemeinheit den Kopf schütteln wollen.

Der amerikanische Wissenschaftler Gregory H. Canavan hat auf dem »Planetary Defense Workshop«, der vom 22. bis 26. Mai 1995 an den Lawrence Livermore National Laboratories (LLNL) in Kalifornien, USA, stattfand, eine Kosten-Nutzen-Rechnung für NEO-Abwehrmissionen vorgestellt. Er definierte den Nutzen als den durch die Abwehrmission vermiedenen Schaden. Diese Rechnung berücksichtigt aber nur den materiellen Schaden für die Wirtschaft. Ein Menschenleben mit Kosten zu beschreiben ist schwer und auch makaber. Trotzdem wurde von einem anderen Autor der »materielle Wert« eines Menschen mit dem von ihm erwirtschafteten Kapital gleichgesetzt. Diese Annahmen sollen hier aber nicht berücksichtigt werden. Auch der Verlust an Kulturgütern auf aller Welt, die zu einem gewissen Teil unwiederbringlich verloren wären, wird in die Berechnung nicht eingebracht – der Nutzen für die Menschheit ist also noch wesentlich höher, als hier angenommen. Canavan beschreibt den Schaden, den es zu vermeiden gilt, als einen Ausfall der Weltwirtschaft für die nächsten 20 Jahre nach einem Einschlag mit globalen Folgen. Dies ist leicht nachvollziehbar, da das direkt betroffene Einschlagsgebiet in kontinentalem Ausmaß komplett zerstört ist und für den Welthandel entfällt. Doch auch die indirekten Folgen lassen in anderen Gebieten der Erde den Handel zum Erliegen kommen. Die wenigen Nahrungsmittel, die lokal produziert werden, reichen kaum die dortige Bevölkerung zu versorgen, geschweige denn, sie zu exportieren. Es wird vermutlich eher zu Kämpfen um die Lebensmittel kommen. Canavan kommt durch diese Annahmen auf einen Wert von 400.000 Milliarden US-Dollar (350.000 Milliarden Euro).

Die Kosten, die mit dem Nutzen verglichen werden sollen, setzen sich zusammen aus den Kosten für eine Mission zur Abwehr eines kilometergroßen NEOs. Dazu kommen die Kosten für Suchprogramme und Testmissionen, wie oben bereits beschrieben. Daraus ergeben sich Gesamtkosten in Höhe von geschätzten 30 Milliarden Euro. Stellt man dem durch eine erfolgreiche Abwehrmission vermiedenen Schaden (Nutzen) die Kosten für die Vorbereitung und Durchführung der Mission gegenüber (= Nutzen geteilt durch Kosten), so läßt sich erkennen, daß der Nutzen 11.666 mal größer ist, als die Abwehrkosten! Wer also nur an die Kosten denkt, hat hier den Beweis, daß sich auch in dieser Hinsicht eine Rettung der Erde (bzw. der Weltwirtschaft der nächsten 20 Jahre) lohnt.

Auf einem Vortrag wurde ich gefragt, ob man zur Lösung dieses Problems eine neue »NEO-Steuer« einführen wird. Das ist zwar in der Politik eine beliebte Methode, um neue Projekte zu finanzieren oder alte Haushaltslöcher zu stopfen, aber da es in der Forschung laufend neue Projekte gibt, weil alte beendet werden, kann ich es mir nicht vorstellen, daß man eines Tages einen »Asteroiden-Pfennig« einführen wird. Ein solcher »Asteroiden-Pfennig« wäre tatsächlich ein Pfennigbetrag, wie folgende Überlegung zeigt: angenommen, es würde in Deutschland ein NEO-Zentrum eingerichtet werden, in welchem 30 Wissenschaftler arbeiten, um NEOs zu suchen, Bahnen zu berechnen und Abwehrmöglichkeiten im Detail zu untersuchen. Inklusive Lohnnebenkosten und sonstigen Abgaben würde ein Arbeitsplatz etwa 80.000 Euro pro Jahr kosten, wobei das Brutto-Gehalt nur etwa die Hälfte ausmacht (wovon wieder Steuern abgehen). Zu diesen 2,4 Mio. Euro kämen noch einmal etwa 2/3 (= 1,6 Mio. Euro) hinzu, für Teleskope, Computer und anderes Zubehör, Dienstreisen, externe Studienaufträge, usw. Verteilt man nun diese 4 Mio. Euro auf die 80 Mio. Einwohner Deutschlands, so ergibt sich eine jährliche Belastung von 5 Cent (bzw. 10 Pfennig) pro Kopf und Nase. Das ist sicher deutlich weniger, als uns im gleichen Zeitraum beim Einkaufen unbemerkt aus dem Geldbeutel fällt, was ich daraus schließe, daß ich allein im Februar 1999 insgesamt 8 Pfennig (ca. 4 Cent) und im März 151 Pfennig (ca. 75 Cent) gefunden habe. Das Kassieren einer solchen Mini-NEO-Steuer würde vermutlich ein vielfaches an Kosten verursachen und wäre somit sinnlos.

Fazit ist, daß die NEO-Forschung immer noch zwischen den Stühlen sitzt: zu einer Zuteilung von Forschungsgeldern in der benötigten Höhe ist es noch nicht gekommen, da man, wie man an den entsprechenden Stellen meinte, keine Gelder dafür frei hat. Andererseits ist der Kostenaufwand doch so gering, daß eine eigene NEO-Steu-

Der US-Space Shuttle kann Nutzlasten von über 20 Tonnen in eine Erdumlaufbahn transportieren. Es sind derzeit vier Space Shuttles in Betrieb.

Trägerrakete	Nutzlastmasse in einen erdnahen Orbit [t]
Space Shuttle (USA)	24,4
Proton (Rußland)	23,5
Ariane 5 (Europa)	21,0
Titan IV (USA)	17,7
Zenit (Rußland)	13,7

Tabelle: Die fünf leistungsstärksten Trägerraketen

er unsinnig wäre. Eine momentan ärgerliche, im Ernstfall aber verhängnisvolle Situation, weil so wichtige Vorbereitungen nicht oder nur teilweise getroffen werden können.

Grundlegende Probleme

Trägerraketen

Da die zur Zeit eingesetzten Trägerraketen nur eine sehr begrenzte Nutzlastkapazität in eine niedrige Erdumlaufbahn besitzen und eine Transferstufe für den Flug zum NEO benötigt wird, können nur relative kleine Abwehrsysteme eingesetzt werden. Zuvor müssen Versuche zur grundsätzlichen Eignung von Abwehrsystemen und Missionen zur Erprobung von fertiggestellten Abwehrsystemen durchgeführt werden. Größere Trägersysteme wie die US-Mondrakete Saturn V oder die russische Energija, die jeweils

Von links nach rechts:
Start von Apollo 11 zum Mond am 16. Juli 1969. Die 110 Meter hohe Trägerrakete Saturn V konnte eine Nutzlast von 100 Tonnen in eine Erdumlaufbahn transportieren.

Die Entwicklung der russischen Proton-Trägerrakete begann bereits 1961. Als vierstufige Version wird sie heute zum Start von bis zu 6.500 kg schweren lunaren und planetaren Raumsonden eingesetzt. Sie hat eine Höhe von ca. 60 m und einen Durchmesser von 7,4 m, bei einer Startmasse von etwa 750 Tonnen.

Start der US-Raumsonde Stardust mit einer Delta-Trägerrakete am 7.2.1999.

Start der europäischen Trägerrakete Ariane 5 vom Raumfahrtzentrum Kourou in Französisch Guyana. Sie kann über 20 Tonnen in eine niedrige Erdumlaufbahn bringen.

Startvorbereitung einer US-Trägerrakete vom Typ Titan-IV.

etwa 100 Tonnen Nutzlast in eine erdnahe Umlaufbahn bringen konnten, sind nicht mehr in Betrieb und ein Nachbau würde vermutlich so viel Geld und Zeit erfordern, daß man auch gleich ein komplett neues Trägersystem entwickeln könnte.

Neben einer Erhöhung der Nutzlast der Trägerraketen ist auch eine Erhöhung der Startzahl sinnvoll. Man kann diese vielen Starts einerseits für viele kleine Abwehrmissionen nutzen, die nacheinander zum Einsatz kommen. Andererseits kann auch ein Abwehrsystem vor dem Start in mehrere Komponenten zerlegt werden, die dann in einer Erdumlaufbahn zusammengebaut werden, bevor der Weiterflug zum Zielobjekt (NEO) erfolgt.

Dazu ist es erforderlich, daß man den automatischen Zusammenbau der einzelnen Komponenten des Abwehrsystems im Weltraum beherrscht. Daß automatische Rendezvous- und Kopplungs-

manöver mit heutiger Technologie durchführbar sind, haben u.a. die russischen Progress-Raumtransporter gezeigt, welche die russischen Raumstationen (Saljut 1 bis 6 und MIR) mit Versorgungsgütern beliefert haben. Allerdings gab es auch Fehlfunktionen, so daß die Kosmonauten per Fernsteuerung eingreifen mußten. Dies erfordert einen hohen technischen Aufwand, was die teilweise vergeblichen automatischen Kopplungsmanöver zwischen den russischen Progress-Raumschiffen und der MIR-Station gezeigt haben. Aber es wird voraussichtlich auch nur eine gewisse Anzahl von Trägerraketen für einen bestimmten Zeitraum von Wochen oder Monaten verfügbar sein, in dem der Start des Abwehrsystems stattfinden soll.

Die Trägerraketen geben uns also eine Grenze vor, die wir nur durch mehr und stärkere Trägerraketen, effektivere Abwehrsysteme und mehr Zeit für die Abwehrmission überwinden können.

Die Zeit

Die verfügbare Zeit (Vorwarnzeit) für die Bahnänderung eines NEO ist entscheidend für den Missionserfolg, weil sie die benötigte Energiemenge bestimmt, die für die Abwehr gebraucht wird. Man kann grob sagen, daß Energie und Zeit in einem gegensätzlichen Verhältnis stehen: bei einer Halbierung der vorhandenen Zeit, verdoppelt sich die notwendige Energiemenge, um einen NEO um eine bestimmte Entfernung an der Erde vorbeizulenken. Diese Energiemenge hängt von der Masse des NEO und der Bahnkonstellation zwischen Erde und NEO ab. Je nach Abwehrsystem und Trägerrakete für den Start ergibt sich eine Obergrenze für die verfügbare Energie. Darin muß auch berücksichtigt werden, daß man eventuell Bahnkorrekturen nach der Abwehr durchführen muß. Das bedeutet im Gegenzug, daß man auch eine Untergrenze für die minimal notwendige Abwehrzeit bekommt. Unterschreitet man diese, so kann man keine erfolgreiche Abwehr des NEO durchführen. Man muß also versuchen, die Abwehrzeit so groß wie möglich zu gestalten.

Da uns kein Abwehrsystem auf Abruf zur Verfügung steht, was auch Gefahren in sich bergen würde, muß man dieses erst noch entwickeln und bauen. Während große Raumfahrtprojekte, wie der Space Shuttle oder große Satelliten über 10 Jahre für Entwicklung und Herstellung benötigen, ist diese Zeit bei kleinen Satelliten auf wenige Jahre gesunken. Die Entwicklung eines Abwehrsystems kann und muß daher schon zuvor auf dem Papier erfolgen, um die Abwehrzeit nicht zu stark zu verringern. Der Bau eines Abwehrsystems mit Plänen aus der Schublade, kann dann hoffentlich in kurzer Zeit erfolgen.

Ein weiterer Faktor der Zeitersparnis ist es, sich schon heute darüber klar zu werden, wie man eine NEO-Abwehr organisiert. Eine Organisation wie beispielsweise die UNO könnte ein Forum sein, um alle Staaten an dem Abwehrprojekt zu beteiligen oder sie wenigstens darüber zu informieren. Es muß abgestimmt werden, wer wann über den Einsatz eines Abwehrsystems entscheiden kann (darf dies ein einzelner Staat oder müssen alle oder nur eine Mehrheit zustimmen). Es muß geklärt werden, wer welchen Anteil an den Kosten trägt. Es muß auch eine rechtliche Übereinstimmung zwischen den Staaten geben, ob man, falls nötig, den Einsatz von nuklearen

Abwehrsystemen genehmigt, obwohl nach geltendem Recht die Lagerung und der Einsatz von Nuklearwaffen im Weltraum verboten ist. Es muß also vorab sichergestellt werden, daß es aus dieser Richtung keine zusätzlichen Verzögerungen gibt.

Der wichtigste Punkt, wie man mehr Vorwarnzeit gewinnen kann, ist die Durchführung eines weltweiten NEO-Suchprogramms. Durch eine möglichst frühe Entdeckung eines NEO auf Kollisionskurs mit der Erde kann viel Zeit gewonnen werden. Man kann dadurch auch die Möglichkeit einer Fehlentscheidung bei der Auswahl eines Abwehrsystems verkleinern, einfach weil man mehr Zeit hat, um Informationen über den NEO zu sammeln.

Mißbrauch von Abwehrsystemen als Waffe

Allen Abwehrsystemen ist gemeinsam, daß sie zu einer Umkehr ihrer Zweckbestimmung verwendet werden könnten. Ein Abwehrsystem kann nicht nur einen NEO von der Erde wegbewegen, man könnte auch ein ungefährliches Objekt auf die Erde hin umlenken. Der bekannte, 1997 verstorbene Astronom Carl Sagan und mehrere Kollegen stellten in einer Veröffentlichung dar, daß die Chance einen NEO, der nahe an der Erde vorbeifliegt, auf die Erde umzulenken etwa 100 mal häufiger vorkommt, als es notwendig sein wird, einen NEO von einem Kollisionskurs abzubringen.

Da ein NEO-Abwehrprogramm kaum von einem einzelnen Staat entwickelt und durchgeführt werden könnte, ist auch die Chance sehr gering, daß ein solches NEO-Abwehrsystem zum Einsatz als Waffe entwickelt werden kann. Kleinere NEO-Einschläge setzen Energien in der Stärke von Atombomben frei, jedoch keine Radioaktivität, die auch den Angreifer bedrohen würde. Doch ist es glücklicherweise auf absehbare Zeit technisch nicht möglich, z.B. einen 100 m großen NEO auf ein gewünschtes Punktziel auf der Erde zu lenken. Auch ist es nicht möglich, zu einem gewünschten Zeitpunkt einen entsprechenden NEO zur Verfügung zu haben oder ein NEO-Vorratslager im Weltraum anzulegen. Um zu vermeiden, daß z.B. Endzeitsekten, Terroristen, Diktatoren oder frustrierte Steuerzahler der Menschheit ein Ende setzen wollen, müssen dementsprechende Sicherheitsvorkehrungen getroffen werden. Beispielsweise könnte die UNO als betreuende Organisation die nötige Offenheit schaffen, um den sicheren Umgang mit dem Abwehrsystem zu gewährleisten. Aus technischer Sicht könnte man einen Mißbrauch dadurch erschweren, daß man das Abwehrsystem zwar bereits jetzt entwickelt, aber erst im Ernstfall baut, oder daß man es in mehrere Komponenten zerlegt und an unterschiedlichen Plätzen lagert, um es im Ernstfall schnell zusammenbauen und starten zu können. Die Entwicklung eines NEO-Abwehrsystems sollte aus diesen politischen Gründen und auch wegen der Kosten nur in einer internationalen Kooperation durchgeführt werden.

Ein fehlgeschlagenes Abwehrmanöver

Eine wichtige Frage ist, was man tun kann, wenn ein Abwehrmanöver nicht 100%ig erfolgreich war, oder sogar ganz fehlschlug. Dies kann durch einen Fehlstart der Trägerrakete auftreten, durch ein Versagen des Transferantriebs zum NEO, einem Versagen oder einem Fehlverhalten des Abwehrsystems, oder anderen unerwarteten Vorkommnissen während der Mission.

Selbstverständlich wird man versuchen, durch weitere Missionen die NEO-Bahn soweit zu ändern, daß der gewünschte Vorbeiflug an der Erde sichergestellt ist. Ob man noch ein Korrekturmanöver durchführen kann, hängt von mehreren Faktoren ab. So ist es ausschlaggebend, ob noch ausreichend Zeit zur Verfügung steht, um ein weiteres Abwehrsystem zu bauen, zu starten und erfolgreich einzusetzen. Natürlich muß auch noch ausreichend Transportkapazität, d.h. genügend geeignete und einsatzbereite Trägerraketen, zur Verfügung stehen.

Äußerst problematisch ist der Fall, wenn man den Sprengsatz eines Abwehrsystems gezündet hat, um den NEO auf eine ungefährliche Bahn zu lenken, aber der NEO dabei auseinander gebrochen ist. Mit heutigen Mittel ist diese Situation kaum zu lösen, da man die Bahnen der größeren und dadurch gefährlichen Bruchstücke bestimmen muß, um zu erkennen, welche dieser Bruchstücke auf Kollisionsbahnen auf die Erde zufliegen. Nun müßten entsprechend viele, vielleicht einige Dutzend Nachfolgemissionen gestartet werden, um diese Bruchstücke von ihren Kollisionsbahnen abzulenken.

Stellt man fest, daß das Abwehrmanöver nicht erfolgreich war und auch eine Nachfolgemission

Die beiden Clearwater Lakes in Quebec, Kanada, sind etwa 290 Mio. Jahre alt. Sie entstanden vermutlich gleichzeitig durch den Einschlag eines Doppelasteroiden. Der westliche Krater hat einen Durchmesser von 32 km und zeigt einen inneren Ring, der östliche Krater ist 22 km groß.

keine Änderung erbringen wird, bleibt nur die Überlegung, sich auf einen Einschlag vorzubereiten. Für eine solche Überlegung ist es wichtig festzustellen, welche Größe und Geschwindigkeit der NEO hat, um damit die Stärke des Einschlages und seine Folgen zu bestimmen.

Handelt es sich um einen NEO, unter etwa 1 km im Durchmesser hat, kann man davon ausgehen, daß keine globale Klimaänderung eintritt. In diesem Fall, wenn also nur lokale Schäden zu erwarten sind, könnte man theoretisch eine Evakuierung des betroffenen Gebiete durchführen. Doch dafür muß man den Einschlagszeitpunkt und vor allem den genauen Einschlagsort kennen. Aufgrund der Ungenauigkeiten bei der Bestimmung der NEO-Bahn wird man dies erst wenige Tage oder vielleicht Wochen vorher sagen können. Je näher der Einschlag heranrückt, um so genauer können Ort und genaue Zeit des Impaktes vorausberechnet werden. Sollte ein dicht besiedeltes Gebiet, wie z.B. Mitteleuropa, betroffen sein, dann ergeben sich gewaltige Transportprobleme, um die Bevölkerung zu evakuieren. Denn das Gebiet der Zerstörungen um die Einschlagsstelle herum wird einen Durchmesser von mindestens 20 km (wie beim Tunguska-Einschlag), kann aber auch mehrere 1.000 km Durchmesser (bei einem 1 km NEO) haben. Das zu evakuierende Gebiet wird aber ein vielfaches dieser Größe aufweisen, weil die ungenaue Kenntnis der NEO-Bahn eine exakte Bestimmung des Einschlagpunktes nicht zuläßt.

Soll der Einschlag im Meer erfolgen, dann müssen die angrenzenden Küstenstreifen evakuiert werden. Die bei einem Meereseinschlag mit einigen 100 km/h den Küsten entgegenbrausenden Tsunamis verlieren zwar mit der Entfernung von der Einschlagsstelle an Höhe, türmen sich aber wieder auf, sobald der Meeresboden zur Küste hin ansteigt. Die bis zu mehrere 100 m hohen Wellen können dabei viele Dutzende Kilometer in das Landesinnere vordringen und alles Leben auslöschen. Eine Evakuierung in höher oder entfernter gelegene Gebiete stellt auch hier eine riesige Anstrengung dar, die kaum lösbar scheint. Man muß sich nur in Erinnerung rufen, wieviele Menschen an den Küsten der Ozeane leben.

Hat man vor einer globalen Katastrophe noch einige Jahre Zeit, so muß mit aller Anstrengung an der Herstellung und langfristigen Lagerung von Lebensmitteln gearbeitet werden. Diese Lagerräume für Nahrungsreserven sollte man gleichmäßig über die Erde verteilt anlegen, um im Katastrophenfall unnötige Transporte zu vermeiden, die wegen der zerstörten Infrastruktur auch kaum durchzuführen wären. Da man die genaue Einschlagstelle wegen Meßungenauigkeiten erst einige Wochen vorher berechnen kann, müßte man dann die betroffene Bevölkerung und die Lebensmittel an sichere Orte bringen. Die Einrichtung von Reservaten, wie dies mit »Biosphere I und II« versucht wurde, ist ein schwieriges Unterfangen. Um gegen herabfallende Trümmer, Brände, und andere Folgen geschützt zu sein, müßten diese als Bunker im Boden oder in den Bergen eingegraben werden. Dies wurde in dem Kinofilm »Deep Impact«, mit Problemen wie der Auswahl einiger Personen für das begrenzte Platzangebot, gezeigt. Der Film zeigte aber nicht die langanhaltenden Folgen für das Weltklima durch den Einschlag – vielleicht gibt es ja eine Fortsetzung. Neben der Herstellung und Lagerung von Lebensmitteln muß auch an die Lebensmittelherstellung unter ungünstigen Klimabedingungen nach dem Einschlag gedacht werden. So wäre es empfehlenswert, robuste und langlebige Gewächshäuser, Pflanzensamen und Dünger sicher zu lagern, um die Nahrungsmittelproduktion bald nach dem Einschlag zu beginnen. Auch Wasseraufbereitungsanlagen wären sinnvoll. Alle Anlagen und Geräte müßten ohne Netzstrom auskommen und ohne Wartung betrieben werden können.

Eine Evakuierung von Menschen und Zeugnissen unserer Kultur (eine »Menschheitsbibliothek«) in den Weltraum oder auf andere Himmelskörper, wie dies in Science Fiction Romanen geschildert wird, ist mit heutigen Mitteln undurchführbar.

Zur Nutzung von Asteroiden und Kometen

Asteroiden- und Kometenressourcen

Bei einer weiteren Entwicklung des Menschen hinein in den Weltraum wird er dafür die dort vorhandenen Ressourcen nutzen können – ja nutzen müssen. Asteroiden und Kometen bieten eine Fülle von Rohstoffen wie Gase, Metalle bis hin zu kohlenstoffhaltigen Verbindungen. Insofern man die Sonne als Energielieferant nutzt, und auch um Antriebsenergie zu sparen, wird man wahrscheinlich zuerst sonnennahe bzw. erdnahe Objekte, also NEOs, auswählen. Die meisten Rohstoffe wird man sicher im Weltraum verwenden (z.B. für Solarkraftwerke im All), ein Transport zur Erde wird wegen der hohen Kosten nur für seltene Materialien, wie z.B. Edelmetalle, Helium-3, u.a., in Frage kommen. Die weitere Untersuchung von NEOs und die Erprobung und Entwicklung von Abwehrsystemen wird ein Wegbereiter für die Nutzung von Asteroiden- und Kometenrohstoffen im nächsten Jahrhundert sein.

Der berühmte Jules Verne (1828-1905) hatte in seinem Roman »Die Jagd nach dem Meteor« einen kleinen Asteroiden mittels eines wundersamen Apparates gezielt auf eine Insel stürzen lassen, um ihn dort abzubauen – der damals wie heute reizvolle Rohstoff ist jedoch nur in Spuren in Asteroiden zu finden:

»Um 6 h 57' 35" zerriß ein blendender Lichtschein den Himmel. Bankier Lecoeur und sein Neffe standen geblendet vor ihrer Hütte. Gleichzeitig krachte ein dunkler Donner, und die Erde bebte. Der Meteor war herabgestürzt. 500 m entfernt lag ein Block gleißenden Goldes.«

Nutzungsmöglichkeiten

Es sind eine ganze Reihe von Nutzungsmöglichkeiten für Asteroiden- und Kometenrohstoffe denkbar. Metalle und andere Materialien wie Silizium können als Baustoffe für Sonnenkraftwerke im Weltraum und für Raumstationen verwen-

Asteroiden und Kometen könnten in der Zukunft abgebaut und ihre Rohstoffe zum Bau von Solarkraftwerken, Raumstationen, Satelliten usw. verwendet werden.

det werden. Man kann auch Treibstoffe für Raumflugmissionen aus Kometen und kohligen Chondriten gewinnen, die jeweils große Anteile an Wasser und auch an kohlenstoffhaltigen Verbindungen aufweisen. Wasser ist für Astronauten im All lebensnotwendig und muß bisher immer von der Erde mitgenommen werden.

Nur bei seltenen Materialien, wie beispielsweise Edelmetallen, lohnt sich ein Transport zur Erde. Daß diese Art der Rohstoffnutzung lukrativ sein kann, zeigte der amerikanische Wissenschaftler Jeffrey S. Kargel. Er berechnete den Wert eines 1 km großen metallhaltigen Asteroiden daraus, daß er die Menge der darin enthaltenen Edelmetalle bestimmte. Die Zusammensetzung der Asteroiden ist von Meteoritenfunden her bekannt und er kam zu dem Schluß, daß nur der Anteil an Metallen der Platin-Gruppe und an Gold, der in Promille-Bruchteilen gemessen wird, eine gesamte Menge von etwa 400.000 Ton-

Die internationale Raumstation ISS wird zur Zeit aufgebaut. Sie kann auch zur Vorbereitung zukünftiger planetarer Missionen und zur Erprobung neuer Beobachtungstechnologien verwendet werden.

Es ist denkbar, einen Asteroiden auszuhöhlen
und zu einem Raumschiff umzugestalten – dies
wird allerdings nicht in den nächsten Jahrzehnten
möglich sein.

nen ergibt. Der gegenwärtige Markpreis beträgt über 5.700 Milliarden Euro. Auch wenn man diese Metalle über einen Zeitraum von 20 Jahren abbaut und zur Erde bringt, wird man vermutlich immer noch den Weltmarkt überschwemmen und so einen starken Preisrutsch auslösen. Dadurch sinkt nach Kargels Meinung der Wert dieser Metalle auf 370 Milliarden Euro ab. Ein weiterer Vorteil dabei ist, daß man die Erde schont, weil man diese Metalle nicht mehr auf der Erde abbauen muß. In zweiter Hinsicht schont man die Erde, weil man die anderen Materialien, die im Weltraum gebraucht werden, nicht von der Erde in den Weltraum transportieren muß. Wie sich der Bedarf an Materialien im Weltraum entwickelt, läßt sich kaum abschätzen – das wird die Zukunft zeigen.

Einfangmanöver

Einen Asteroiden in eine Umlaufbahn um die Erde einzufangen ist heutzutage unmöglich. Auch in der Zukunft wird es sich sehr schwierig gestalten, da schon ein geringer Fehler zu einer Kollision mit der Erde führen könnte. Jemand faßte dies in folgende Worte: »Einen Asteroiden in eine Erdumlaufbahn umzulenken ist etwa so schwierig, wie ein Auto rückwärts mit Tempo 100 unbeschadet in eine Garage einzuparken.« Könnte man einen NEO in eine Umlaufbahn um die Erde einfangen, so hätte das eine Reihe von Vorteilen bei der Nutzung der NEO-Rohstoffe: es könnten Astronauten vor Ort anwesend sein, um die Abbauvorgänge zu kontrollieren und Pannen zu beheben. Der Transport der Rohstof-

fe zum Bestimmungsort (z.B. zu Raumstationen, Solarkraftwerken im All oder zur Erdoberfläche) wäre mit geringem Energieaufwand machbar und könnte auch von der Erde aus gesteuert werden.

Einfangmanöver von NEOs sind äußerst komplizierte Vorgänge, da sie sich nicht so genau steuern lassen wie ein Raumschiff. Bei den ersten Versuchen sollte man nur so kleine Objekte auswählen, daß bei einem versehentlichen Absturz auf die Erde ein Schaden ausgeschlossen werden kann. Als Obergrenze für Durchmesser eines neuen natürlichen Mondes sollten daher bei den ersten Versuchen 20 bis 30 Meter gelten, weil bei solchen Größen die Erdatmosphäre noch einen recht guten Schutz bietet.

Schon 1969 wurden Berechnungen durchgeführt, wie man die Schwerkraft des Mondes nutzen kann, um einen Satelliten der am Erde-Mond-System vorbeifliegt, in eine Umlaufbahn einzufangen. Allerdings müssen dazu Erde, Mond und der Satellit (oder NEO) in bestimmten Konstellationen zueinander stehen, was meistens nicht der Fall sein wird. Ansonsten muß der NEO während eines Vorbeifluges an der Erde abgebremst werden, um ihn auf eine niedrigere Geschwindigkeit zu bringen, die er in der Umlaufbahn benötigt. Diese Umlaufbahn darf nicht zu niedrig gewählt werden, um keine Satelliten zu gefährden. Wie bereits gesagt, ist das Einfangen eines NEO eine äußerst komplizierte Angelegenheit, was eine Anwendung für die nächsten Jahrzehnte ausschließt.

Ausblick

Eine endgültige Lösung des Impaktproblems ist aus technologischen und finanziellen Gründen derzeit noch nicht absehbar. Jedoch können die Überlebenschancen der Menschheit und der gesamten Biosphäre deutlich verbessert werden, wenn man bereits heute alle notwendigen Schritte unternimmt, um für den Notfall vorbereitet zu sein. Die nutzbare Zeit zur Vorbereitung einer Abwehrmaßnahme wird für deren Erfolg ausschlaggebend sein – daher müssen bereits jetzt möglichst viele sinnvolle Vorbereitungen getroffen werden. Dazu gehört momentan auch noch die Verbreitung des Wissens um NEO-Gefahren in der Öffentlichkeit. Die beiden Kinofilme »Deep Impact« und »Armageddon« haben sich 1998 mit der Abwehr von NEOs beschäftigt. Während man für »Deep Impact« noch wissenschaftlichen Rat eingeholt hat und der Film trotz einiger Fehler das NEO-Thema vernünftig behandelt, läßt sich »Armageddon« nur als Action-Film bezeichnen, der keine Rücksicht auf die Naturgesetze nimmt. Beide Filme täuschen die gegenwärtig (noch) nicht vorhandene Fähigkeit vor, die Erde vor einem Einschlag zu schützen. Sie haben aber in der Öffentlichkeit große Aufmerksamkeit auf sich gezogen und sicher ein gewisses Interesse an der Thematik geweckt. Wie die Zeitschrift FOCUS im Dezember 1998 ermittelte, haben 5,2 Millionen Kinobesucher »Armageddon« gesehen, was dem Film die Nummer 2 in der Kino-Top-Ten des Jahres 1998 einbrachte – gleich nach dem Spitzenreiter »Titanic«. Etwa 3 Millionen Besucher sahen »Deep Impact«, der Platz 6 belegte. Bezogen auf die etwa 80 Millionen Einwohner Deutschlands ist das eine beachtliche Zahl. Mit dem Gewinn allein aus einem der beiden Kinofilme hätte man ein umfassendes NEO-Suchprogramm aufbauen können.
Im Frühjahr 1998 kündigte die NASA an, ihr NEO-Budget für 1998 auf 3 Mio. US$ zu erhöhen und ein eigenes NEO-Büro einzurichten.

Dieses Büro wird von dem Wissenschaftler Don Yeomans geleitet und soll die Aktivitäten der NASA auf diesem Gebiet koordinieren. Inzwischen hat die NASA angekündigt, ihr NEO-Budget für die nächsten Jahre auf etwa 10 Mio. US$ zu erhöhen.

Ganz anders ist die Situation in Europa. Das NEO-Thema erfuhr zwar große Unterstützung durch die Resolution des Europarates vom 20. März 1996 in Straßburg, aber bisher nur mit spärlicher Resonanz. Es wurde die damals bekannte und noch bestehende Situation der NEO-Forschung zur Kenntnis genommen und es wurden folgende sechs Empfehlungen an die Mitgliedsstaaten des Europarates und die europäische Weltraumorganisation ESA gegeben:
1. Eine Bestandsaufnahme der NEOs durchzuführen, die so umfassend wie möglich sein soll, mit einem Schwerpunkt auf NEOs größer als 0,5 km.
2. Erhöhung unseres Wissens über den physikalischen Aufbau der NEOs, sowie über Einschlagsphänomene bei verschiedenen NEO-Größen und -Zusammensetzungen.
3. Aufbau einer regelmäßigen NEO-Beobachtung zur genauen Bestimmung der Bahnen, um mögliche Einschläge schon lange im Voraus vorherzusagen.
4. Sicherstellung der Koordination nationaler Initiativen, der Datenerfassung und der Datenverteilung an Beobachter in der nördlichen und südlichen Hemisphäre.
5. Teilnahme an der Planung von kleinen, preisgünstigen Satelliten zur NEO-Beobachtung, wenn diese nicht vom Boden aus durchgeführt werden kann und an Untersuchungen über deren effektivste Durchführung vom Weltraum aus.
6. Teilnahme an langfristigen globalen Strategien zur Vermeidung möglicher Einschläge.

Auf diesen Aufruf hin ergaben sich bisher nur wenige Aktivitäten. So führte die italienische Raumfahrtfirma Alenia Spazio mit Unterstützung der Regione Piemonte eine mehrmonatige Studie zu NEO-Suchprogrammen durch. In Deutschland gab es in letzter Zeit Bemühungen, um von deutscher und europäischer Seite Unterstützung für eine Studie zu erhalten, die auch die Aspekte NEO-Abwehr und NEO-Rohstoffnutzung weitergehend untersuchen sollte. Diese Bemühungen waren bisher leider ohne Erfolg. Begründet wurden das Desinteresse auf deutscher Seite mit allgemeiner Knappheit der Finanzen und auf europäischer Seite mit dem Hinweis auf die schon laufende Unterstützung der Spaceguard Foundation und darauf, das man zur Zeit keine Notwendigkeit für NEO-Abwehrstudien sieht.

Um die weltweiten NEO-Aktivitäten zu koordinieren und zu unterstützen wurde 1996 die »Spaceguard Foundation« gegründet. Sie hat ihren Sitz in Rom und inzwischen gibt es auch mehrere nationale Gruppen der Spaceguard Foundation, so in Großbritannien, Deutschland, Kroatien, Japan, Kanada und Australien. In Deutschland ist die Spaceguard Foundation ein eingetragener Verein und steht allen an diesem Thema Interessierten offen. Die Spaceguard Foundation in Rom erhielt von der ESA eine finanzielle Unterstützung, um ein NEO-Koordinationszentrum aufzubauen. Die Finanzmittel reichen aber nur, um einen Mitarbeiter etwa ein Jahr lang zu beschäftigen. In Turin fand im Juni 1999 der IMPAKT-Workshop statt, an dem renomierte NEO-Forscher aus aller Welt teilnahmen. Vielleicht bewirkt er ja, daß man auch in Europa die reale Bedrohung aus dem All erkennt und angemessen reagiert, wie es uns die NASA bereits zeigt.

Obwohl NEO-Einschläge unsere Zivilisation auslöschen können und im statistischen Mittel die gleiche Todesfallwahrscheinlichkeit wie Flugzeugunglücke für den Einzelnen bedeuten, wird zur Vorbeugung von Impakten kaum etwas getan. Für die Sicherheit in Flugzeugen und Autos hingegen wird sehr viel Geld aufgewandt (viele 100 Millionen Euro pro Jahr), was auch richtig ist und nicht gekürzt werden sollte. Doch es

zeigt, daß die potentielle Gefahr der NEOs bei den zuständigen Stellen noch nicht erkannt wurde. Dort wird einerseits auf finanzielle Engpässe verwiesen und andererseits davon gesprochen, daß das Thema derzeit nicht akut ist. Doch Gelder sind immer knapp und es wird übersehen, daß, wenn das Thema durch die Entdeckung eines NEOs auf Kollisionskurs akut wird, es für erfolgreiche Abwehrmaßnahmen vielleicht schon zu spät ist.

Kollegen der Spaceguard Foundation in Großbritannien erhielten auf eine Anfrage an den Forschungsminister von einem Mitarbeiter die offizielle Antwort, daß im Ernstfall die britische Polizei und der Katastrohenschutz alles unter Kontrolle haben würden. Die Kollegen ließen nicht locker und erreichten Anfang 1999 eine offizielle Anhörung vor dem House of Commons. Inzwischen hat Lord Sainsbury, Staatssekretär im Wissenschaftsministerium, erklärt, daß man ein Gremium von Fachleuten zusammenrufen wolle, um Pläne zur NEO-Abwehr auszuarbeiten – ein Hoffnungsschimmer.

Der US-Kongreßabgeordnete George E. Brown, Jr. brachte 1993 anläßlich einer Anhörung zum NEO-Thema die Problematik auf den Punkt, indem er feststellte:

»Wenn eines Tages ein Asteroid die Erde trifft und nicht nur die Menschheit, sondern auch Millionen anderer Spezies getötet werden, und wir es hätten verhindern können, es aber wegen Unentschlossenheit, unausgewogener Prioritäten, unzureichender Risikodefinition und unvollständiger Planung nicht taten, dann wird es die größte Niederlage der gesamten Menschheitsgeschichte sein, weil wir unseren Verstand und unsere Fähigkeiten nicht genutzt haben, um unser eigenes Überleben und das allen Lebens auf der Erde zu sichern.«

Ich meine, wir haben nun mit unserem Wissen und unseren technischen Möglichkeiten, die uns speziell Astronomie und Raumfahrt bieten, eine reale Chance, die Erde vor katastrophalen Einschlägen zu bewahren – wenn wir es nur wollen! Dies ist eine Chance, welche die Dinosaurier niemals hatten. Die Menschheit sollte sich diese Chance nicht entgehen lassen, es könnte sonst zu spät sein – für immer...

Anhang

Abkürzungen

AE	Astronomische Einheit (siehe Begriffe)
DLR	Deutsches Zentrum für Luft- und Raumfahrt e.V. (»die deutsche NASA«)
ESA	European Space Agency (die Europäische Weltraumagentur, »die europäische NASA«)
Gt	Gigatonne (siehe Begriffe)
h	Stunde
ISAS	Institute of Space and Astronautical Sciences (Institut für Weltraum- und Raumfahrtwissenschaft in Japan)
JPL	Jet Propulsion Laboratory (US Weltraumforschungsinstitut)
km	Kilometer
kt	Kilotonne (siehe Begriffe)
LPC	Long period comet (Langperiodischer Komet, Umlaufzeit über 200 Jahre)
m	Meter
MPC	Minor Planet Center
Mt	Megatonne (siehe Begriffe)
NASA	National Aeronautics and Space Administration (US Luft- und Raumfahrt-Organisation)
NEA	Near-Earth Asteroid (erdnaher Asteroid)
NEAR	Near-Earth Asteroid Rendezvous (Raumsonde)
NEAT	Near-Earth Asteroid Tracking (Suchprogramm)
NEO	Near-Earth Object (erdnahes Objekt, d.h. erdnahe Asteroiden und Kometen)
PHA	Potentially Hazardous Asteroid (potentiell gefährlicher Asteroid)
PHO	Potentially Hazardous Object (potentiell gefährliches Objekt)
RPIF	Regional Planetary Image Facility (Regionale Planetare Bildbibliothek)
s	Sekunde
t	Tonne (1000 kg)
TNT	Trinitrotoluol (ein hochexplosiver chemischer Sprengstoff)

Begriffe

Aphel

Der fernste Punkt einer Umlaufbahn um die Sonne (entfällt bei absolut kreisförmigen Bahnen).

Asteroid

Bedeutet wörtlich »kleiner Stern«. Objekt aus Gestein und/oder Metallen, welches wie die Planeten um die Sonne kreist, meistens im Asteroidengürtel zwischen Mars und Jupiter. Manche Asteroiden kamen auf andere Umlaufbahnen, die sie auch in die Nähe der Erde bringen können. Asteroiden sind von der Erde aus nur mit Fernrohren zu sehen.

Astronomische Einheit

Eine AE (engl. AU) gibt die mittlere Entfernung der Erde von der Sonne an (1 AE = 149,5 Mio. km).

Bolide

Ein in der Atmosphäre explodierender Meteor, wird auch Feuerball (engl.: fireball) genannt.

Exzentrizität

Maß der Gestrecktheit einer Umlaufbahn. Für eine Kreisbahn ist die Exzentrizität $e = 0$ und geht gegen 1 für sehr langgezogene Bahnen, wie sie bei manchen Kometen vorkommen.

Fly-by

Anderer englischer Begriff für »Swing-by« oder »Gravity Assist Manöver«, also einem Vorbeiflug-Manöver an einem Himmelskörper. Dabei kann die Bahn und die Geschwindigkeit der Raumsonde durch die Gravitation des Himmelskörpers geändert werden.

Gigatonne (Gt)

= 1000 Mt, siehe Megatonne (Mt)

Impakt

Fachbegriff für einen Einschlagsvorgang (engl.: impact).

Inklination

Der Winkel, um den eine Umlaufbahn gegenüber einer anderen Ebene gekippt ist (z.B. Neigung zwischen einer Satellitenbahnebene und der Äquatorebene der Erde). Die Inklination i wird in Grad angegeben.

Kilotonne (kt)

= 0,001 Mt, siehe Megatonne (Mt)

Koma

Staub- und Gaswolke um den Kometenkern. Sie reflektiert das Sonnenlicht und überstrahlt den Kern, so daß dieser von der Erde nicht sichtbar ist.

Komet

Objekt mit einem Kern aus Eis mit Beimischungen von Staub und Gestein. In Sonnennähe verdampft ein Teil des Kometen und es bildet sich die Koma um den Kern und der langgezogene Kometenschweif, so daß man die Kometen auch mit bloßem Auge sehen kann.

Krater

Eine meist schüsselförmige Vertiefung, die bei einem Einschlag entsteht. Durch die Wucht des einschlagenden Objektes wird der darunterliegende feste Untergrund nach unten und seitlich weggeschleudert. Große und schnelle Objekte (NEOs) werden so plötzlich gebremst, daß es eine gewaltige Explosion gibt und das Objekt und ein Teil des Bodens schmilzt und verdampft. Es bildet sich ein Kraterrand und manchmal ein sogenannter Zentralberg oder auch mehrere konzentrische Kraterränder. In Deutschland gibt es zwei 14,9 Mio. Jahre alte Krater mit 20 km und 3 km Durchmesser: das Nördlinger Ries und das Steinheimer Becken.

Lichtdruck

Jedes Lichtteilchen (Photon), welches auf einen Gegenstand trifft, überträgt auf diesen einen Impuls, oder anders ausgedrückt, das Sonnenlicht übt einen Druck auf ihn aus.

Megatonne (Mt)

Eine Mt ist gleich eine Millionen Tonnen oder eine Milliarde Kilogramm. Die Mt wird auch als Vergleichseinheit für starke Explosionen benutzt, indem man die Masse des chemischen Sprengstoffes TNT angibt, der die gleiche Energie freisetzt (1 Mt TNT = $4,18*10^{10}15$ Joule). Wasserstoffbomben (Kernfusion) setzten Energien im Mt-Bereich frei, die Hiroshima-Atombombe (Kernspaltung) hatte eine Energie von 0,013 Mt, das sind 13 kt (Kilotonnen).

Meteor

Bezeichnung für die Leuchterscheinung eines in der Atmosphäre verglühenden Objektes, auch Sternschnuppe (engl. shooting star) genannt.

Meteorit

Überrest eines Asteroiden, der auf der Erde gefunden wird. Meteorite bestehen meist aus Gestein, können aber auch Kohlenstoff-Verbindungen enthalten. Nur etwa 3 % aller Meteorite sind aus Metall (Eisen und einige % Nickel).

Meteoroid

Kleiner Asteroid oder Bruchstück davon, welches sich noch im Weltraum befindet. Stürzt es zur Erde, so nennt man es, während es glühend durch die Atmosphäre fällt, »Meteor« und wenn Reste den Boden erreichen, heißen diese »Meteorite«.

Orbit

Fachbegriff für Umlaufbahn.

Perihel

Der Punkt einer Umlaufbahn, welcher der Sonne am nächsten ist.

Planetoid
Bedeutet kleiner Planet, alternative Bezeichnung
für Asteroid.

Plasma
Ein sehr verdünntes Gas aus positiv geladenen
Ionen und negativ geladenen Elektronen. Nach
außen hin erscheint das Plasma elektrisch neu-
tral.

Sonnenwind
Der Sonnenwind ist ein Strom kleinster Teilchen,
die sich von der Sonne weg durch das Sonnensystem bewegen.

Swing-by
siehe Fly-by.

Tektit
Ein glasartiges Gestein, welches beim Einschlag
eines NEOs auf der Erde durch geschmolzenen
Sand (Quarz) entstanden ist. Bei einem Einschlag werden Tektite oft hunderte Kilometer
weit weggeschleudert. Bei ihrem Flug durch die
Luft kühlen sie sich soweit ab, daß sie als kugel-
oder tropfenförmige Stücke von einigen Zenti-
metern Durchmesser den Erdboden intakt erreichen. Die Tektite, die man an der Moldau in
Tschechien findet, werden Moldavite genannt
und stammen von dem Einschlag, der das 300 km
entfernte Nördlinger Ries formte.

Literatur-und Internet-Tips

Allgemeinverständliche Literatur

Baxter, John, Atkins, Thomas, Wie eine zweite
Sonne – Das Rätsel des sibirischen Meteors,
Wilhelm Heyne Verlag, München, 1976
ISBN 3-453-01606-8

Brandt, John C. & Chapman, Robert D., Die
Erforschung der Kometen – Rendezvous im
Weltraum, Birkhäuser Verlag, Basel, 1994
ISBN 3-458-33807-2

Bühler, Rolf W., Meteoriten – Urmaterie aus
dem interplanetaren Raum, Weltbild Verlag,
Augsburg, ISBN 3-89350-518-0, 1992

Fischer, Daniel & Heuseler, Holger, Der Jupiter
Crash, Birkhäuser Verlag, Basel, 1994
ISBN 3764354402

Heide, Fritz, Kleine Meteoritenkunde, Springer-
Verlag, Berlin, ISBN 3-540-19140-2, 1988

Hoyle, Fred, Kosmische Katastrophen und der
Ursprung der Religion, Insel Verlag, Frankfurt,
ISBN 3-458-16850-8, 1997

Koeberl, Christian, Impakt – Gefahr aus dem
All, Edition Va Bene, Wien,
ISBN 3-85167-074-4, 1998

Lewis, John L., Bomben aus dem All, Birkhäuser Verlag, Basel, ISBN 3-7643-5451-8, 1997

Möhlmann, Diedrich, Kometen – Himmelskörper aus den Anfängen des Sonnensystems,
C.H.Beck, München, ISBN 3-406-41863-5,
1997

Rendtel, Jürgen, Sternschnuppen, Verlag Harri
Deutsch, ISBN 3-8171-1317-X, 1991

Rétyi, Andreas von, Gefahr aus dem All,
Franckh-Kosmos Verlag, Stuttgart,
ISBN 3-440-06501-4, 1992

Sagan, Carl & Druyan, Ann, Der Komet,
Droemer Knaur Verlag, München,
ISBN 3-426-26238-X, 1985

Schlüter, Jochen, Steine des Himmels – Meteorite, Ellert und Richter, Hamburg,
ISBN 3-89234-683-6, 1996

Tollmann, Alexander & Edith, Und die Sintflut gab es doch, Droemer Knaur, München,
ISBN 3-426-26660-1, 1993

Vaas, Rüdiger, Der Tod kam aus dem All, Franckh-Kosmos Verlag, Stuttgart, 1995
ISBN 3440070050

Fachliteratur (deutsch und englisch)

Baillie, Mike, Exodus to Arthur – Catastrophic Encounters With Comets, B.T. Batsford Ltd., London, ISBN 0-7134-8352-0, 1999

Clube, Victor & Napier, Bill, The Cosmic Winter, Blackwell, Oxford,
ISBN 0-631-16953-9, 1990

Gehrels, Tom (ed.), Hazards Due to Comets and Asteroids, The University of Arizona Press, Tucson, ISBN 0-8165-1505-0, 1994

Gritzner, Christian, Analyse alternativer Systeme zur Beeinflussung der Bahn erdnaher Asteroiden und Kometen, Dissertation, Technische Universität Berlin,
DLR Forschungsbericht FB 96-26,
ISSN 0939-2963, Köln, 1996 (englische Übersetzung: ESA-TT-1349, 1997)

Morrison, David (ed.), The Spaceguard Survey: Report of the NASA International Near-Earth Object Detection Workshop, Jan. 25, 1992

Shoemaker, Eugene M., et al., Report of the Near-Earth Object Working Group, NASA, Solar System Exploration Division, Office of Space Science, Washington, June 1995

Proceedings of the Planetary Defense Workshop, Lawrence Livermore National Laboratories, Livermore, California, USA, May 22-26, 1995, über 500 Seiten, verfügbar auf der Homepage: http://www.llnl.gov/planetary

INTERNET

Spaceguard Foundation e.V.:
http://spaceguard.dlr.de/SGF/

Internationale Spaceguard Foundation:
http://spaceguard.ias.rm.cnr.it/

NASA Asteroid and Comet Impact Hazard Homepage:
http://impact.arc.nasa.gov/index.html

Sandia National Laboratories Impakt Simulationen:
http://www.sandia.gov/media/comethit.htm

David A Hardy – Space Art:
http://www.hardyart.demon.co.uk/asteroid.html

aktuelle NEO-Informationen im CCNet (in englisch):
http://abob.libs.uga.edu/bobk/cccmenu.html

Informationen

Informationen zur Mitgliedschaft in der Spaceguard Foundation e.V. erhalten Sie bei:

Spaceguard Foundation e.V.
c/o Deutsches Zentrum für Luft- und Raumfahrt e.V. (DLR)
Herrn Dr. Gerhard Hahn
Rutherfordstr. 2
D-12489 Berlin-Adlershof
E-mail: gerhard.hahn@dlr.de

Fragen Sie auch bei den Planetarien und Sternwarten in Ihrer Nähe nach. Man wird Ihnen sicher interessante Tips zum Thema geben können, vielleicht gibt es dort ja auch Amateur-Beobachtungsgruppen.

Bildnachweis

E. Asphaug - University of California, Santa Cruz / DIAL-JPL
   (Copyright): 78 alle.
F. & D. Clementi, Gubbio, Italien: 44.
European Space Agency, Paris, Frankreich: 66, 67, 69, 91 Mitte.
Ch. Gritzner, Potsdam: 14 unten, 46 oben, 64 unten, 76 links.
D. A. Hardy, Hall Green Birmingham, Großbritannien: 13, 43, 61,
   77 unten, 98.
D. Heinlein, Augsburg: 15 alle, 33 alle, 38 rechts oben & unten.
ISAS, Japan: 68 oben links/rechts & Mitte links/rechts.
Dr. H.U. Keller, Max-Planck-Institut für Aeronomie, Lindau/Harz
   (Copyright 1986): 21.
A. Maury, Observatoire de la Cote d'Azur, Frankreich: 64 oben.
NASA/JPL/DLR/RPIF: 14 oben, 16, 18, 19, 20, 22, 23 alle, 24 alle,
   25, 26, 28, 29, 38 oben links, 40/41, 46 unten, 49 alle, 50 alle, 51
   alle, 57, 63 alle, 65, 68 unten, 70, 71, 74 alle, 76 rechts, 77 oben,
   80, 81, 82, 83, 85, 87, 89, 90 alle, 91 links & rechts, 93, 96/97.
NASA - Don Davies: 4, 45.
J. Rendtel, Marquardt: 32, 34, 35 unten, 38 unten links.
Sandia National Laboratories, USA: 36 alle, 37 alle, 58.
Smithsonian Institute, USA: 35 oben.
Space Studies Institute, Princeton, USA: 95.